装配式建造关键技术丛书

纵肋叠合剪力墙结构
施工与信息化管控关键技术

组织编写　北京市住宅产业化集团股份有限公司
主　　编　杨思忠　沈怡宏　任成传
副 主 编　王　炜　刘立平　王继生　刘　洋　陈胜德

中国建材工业出版社
北　京

图书在版编目（CIP）数据

纵肋叠合剪力墙结构施工与信息化管控关键技术 / 杨思忠，沈怡宏，任成传主编. — 北京 ：中国建材工业出版社，2023.11
（装配式建造关键技术丛书）
ISBN 978-7-5160-3665-5

Ⅰ. ①纵… Ⅱ. ①杨… ②沈… ③任… Ⅲ. ①剪力墙结构—工程施工 Ⅳ. ①TU398

中国国家版本馆 CIP 数据核字(2023)第 007301 号

内 容 简 介

本书详细介绍了纵肋叠合剪力墙结构体系的主要特点、关键技术及相关标准；在系统梳理纵肋叠合剪力墙结构在全国各类装配式住宅项目实践经验基础上，聚焦施工环节，重点针对预制构件运输与存放、预制构件安装施工、施工质量验收、施工项目信息化管理等 4 方面，全面介绍了纵肋叠合混凝土剪力墙结构施工与信息化管控关键技术。本书涉及的装配式住宅类型包括：高层、低多层住宅和别墅项目；中小户型为主的公租房项目和大户型商品房项目；清水混凝土饰面、大尺寸厚瓷板饰面和小尺寸瓷砖饰面等结构保温装饰一体化夹心保温外墙板住宅项目；多个设计院和多个总承包单位共同完成的大规模和立面多样性住宅社区等。

本书编写力求重点突出、内容精练、文字表述通俗易懂，采用图文并茂的方式，在介绍每项工艺时，按照流程节点配套实物图片，让读者更加直观地理解和学习。该书可供装配式建筑研发、规划设计、生产、监理、开发及咨询部门，特别是施工领域专业人员学习和参考使用。

纵肋叠合剪力墙结构施工与信息化管控关键技术
ZONGLEI DIEHE JIANLIQIANG JIEGOU SHIGONG YU XINXIHUA GUANKONG GUANJIAN JISHU
组织编写　北京市住宅产业化集团股份有限公司
主　　编　杨思忠　沈怡宏　任成传
副 主 编　王　炜　刘立平　王继生　刘　洋　陈胜德

出版发行：中国建材工业出版社
地　　址：北京市海淀区三里河路 11 号
邮　　编：100831
经　　销：全国各地新华书店
印　　刷：北京印刷集团有限责任公司
开　　本：787mm×1092mm　1/16
印　　张：7.75
字　　数：160 千字
版　　次：2023 年 11 月第 1 版
印　　次：2023 年 11 月第 1 次
定　　价：**58.00 元**

本社网址：www. jccbs. com，微信公众号：zgjcgycbs

本书编委会

主　编：杨思忠　沈怡宏　任成传

副主编：王　炜　刘立平　王继生　刘　洋　陈胜德

编　委（按姓氏比画排序）：

王金友　车向东　冯振宝　吕国旭　朱凤起

孙　逊　孙高峰　杨　谦　李　健　李相凯

李海旭　岑丽丽　沈国良　沈海利　张　项

张上上　赵立民　赵志刚　袁啸天　唐国安

程寅雪　甄瑞龙

前　言

北京市自2007年开始推广住宅产业化，是国内最早开展装配式建筑工作的城市之一。十多年来，从保障房试行到全面铺开，从局部构件应用到结构体系逐步完善，装配式建筑在提升工程建设质量、促进建筑产业转型升级等方面发挥了显著作用。

在装配式建筑中，装配式混凝土住宅占70%以上，其中绝大多数采用装配式混凝土剪力墙结构进行建造。目前，国内常用的套筒灌浆剪力墙结构、双面叠合式剪力墙结构及圆孔板剪力墙结构在钢筋连接质量检测、结构保温装饰一体化墙板制备、施工安装效率与成本等方面存在某些问题，影响了装配式建筑健康发展。有鉴于此，北京市住宅产业化集团股份有限公司联合相关单位，历时数年，在多项国家级及省部级科研项目资助下，聚焦结构装配连接与外围护系统创新、智能建造装备与平台优化等方面的痛难点问题，创造性提出了装配式剪力墙结构纵肋叠合连接系统，研发了新型建材及绿色外围护系统，开发了智能生产装备与信息化管控平台，进行了全面的理论、试验、设计及建造技术研究，形成了涵盖全产业链的装配式住宅性能与智能建造提升整体解决方案，已经在全国近500万m^2的住宅建筑中规模化应用，显示了重大工程价值，经济效益和社会环境效益巨大。

纵肋叠合剪力墙结构具有如下突出优点：一是连接质量易管控。预制墙板通过竖向钢筋预制空腔内环锚搭接、空腔内壁水洗粗糙面成型和整体式钢筋骨架等创新技术，结合后浇混凝土密实浇筑措施，克服了套筒灌浆连接施工质量隐患与验收难题。二是施工速度快。空心墙板尺寸大，降低了接缝数量和吊装频次；竖向连接钢筋与墙板一体化预制及承插式安装，克服了竖向连接钢筋逐层后插筋、安装效率低问题；标准层结构施工可实现3～5天/层。三是建造成本低。专用BIM设计软件实现了预制墙板标准化设计；焊接封闭箍筋、焊接环形钢筋、焊接网片、大型立模生产线及信息化管控平台实现了预制墙板自动化生产；预制墙板可采用现有平模流水线实现快速转产；系列化施工机具和工法实现了高效精益施工；与套筒灌浆剪力墙结构相比，主体结构施工成本可降低100元/m^2以上。四是有利于绿色低碳发展。结构保温装饰一体化外墙板，可实现外饰面多样性，又能实现装饰、保温与结构同寿命，克服了传统外墙保温脱落与火灾风险，避免了保温、装饰材料后期更换，可有效降低维护成本，实现绿色低碳发展。

纵肋叠合剪力墙结构相关创新成果获行业专家高度评价："装配整体式纵肋叠合剪力墙结构关键技术总体达到国际先进水平，其中夹心保温纵肋空心墙板及其生产技术、竖向受力钢筋在空腔内环锚搭接连接技术处于国际领先水平""预制墙板立式生产关键技术与装备研究成果总体上达到国际先进水平""新型装配式UHPC外墙及围护结构成套技术研究成果总体上达到国际先进水平"。"装配式纵肋叠合剪力墙结构体系"已成功入选中国建筑学会建筑产业现代化发展委员会发布的装配式建筑"先进成熟适用新技术"汇编（第一批）。"纵肋叠合混凝土剪力墙建造成套技术"荣获2022年度"建华工程奖"一等奖。"纵肋叠合剪力墙住宅一体化建造技术研究与示范"荣获2022年度"中国房地产业协会科学技术奖"一等奖。"装配式纵肋叠合剪力墙结构成套技术研究与应用"获2021年度"中国建筑材料联合会·中国硅酸盐学会建筑材料科学技术奖"技术进步类二等奖。

本书为"装配式建造关键技术丛书"的第三本，是第一本《装配式混凝土新型构件生产与质量控制关键技术》和第二本基于套筒钢筋连接的《装配式混凝土建筑施工与信息化管理关键技术》的姊妹篇，由北京市住宅产业化集团股份有限公司组织相关单位和专家共同编写。

由于编者水平有限，本书难免有疏漏和不足之处，敬请广大读者批评指正。

编者

2023年9月

目　录

第1章　纵肋叠合剪力墙结构体系概述

1.1　纵肋结构体系研发背景及概念

我国已成为世界上装配式建筑发展最快的国家，2021年全国新开工装配式建筑面积占新建建筑面积的比例为24.5%。在装配式建筑中，装配式剪力墙住宅占70%以上。围绕量大面广、关系民生的装配式剪力墙住宅，国内涌现出一系列装配式剪力墙体结构体系，主要包括套筒灌浆连接剪力墙[1-5]、浆锚搭接连接剪力墙[6-7]、圆孔板剪力墙[8-9]、叠合式剪力墙[10-12]和全螺栓连接剪力墙[13-16]等体系及配套预制楼板[17-18]。

目前，国内常用装配式剪力墙结构体系在连接质量检测、施工安装效率、结构保温装饰一体墙板生产制备等方面还存在一些问题，制约了装配式建筑的快速发展[19]。为解决装配式剪力墙技术共性问题、加速装配式剪力墙技术体系迭代升级，研发了纵肋叠合剪力墙结构体系[20]（简称：纵肋结构体系）及成套技术。

纵肋结构体系以竖向受力钢筋在空腔内环锚搭接形成的新型连接节点为核心，采用纵肋空心墙板和夹心保温纵肋空心墙板等新型预制空心墙板，搭配标准化的楼板、阳台板、空调板、楼梯等水平预制构件，通过现场浇筑空腔及叠合层混凝土，形成一种安全可靠、免套筒灌浆连接的装配式混凝土剪力墙结构。该体系满足抗震设防烈度8度区80m以下的装配式建筑要求，见表1-1。

表1-1　纵肋叠合剪力墙结构房屋的最大适用高度　　m

结构类型	抗震设防烈度			
	6度	7度	8度（0.2g）	8度（0.3g）
纵肋叠合剪力墙结构	100	100	80	60
部分框支纵肋叠合剪力墙结构	90	90（80）	70（60）	40（30）

1.2　纵肋结构体系关键技术

纵肋结构体系研发涵盖了设计、生产、施工全过程的多项关键技术，包括新型预制空心墙板、预制空腔内环锚搭接连接节点、自动化生产装备、智能化建造等技术。

1.2.1　预制空心墙板

纵肋结构体系研发了两种新型预制空心墙板，即纵肋空心墙板和夹心保温纵肋空心墙板，前者适用于内墙和无保温外墙，后者适用于具有保温功能或保温装饰一体化功能的外墙。

1. 纵肋空心墙板

纵肋空心墙板是由两侧混凝土板及连接二者的混凝土纵肋构成的预制混凝土剪力墙构件，如图 1-1 所示。

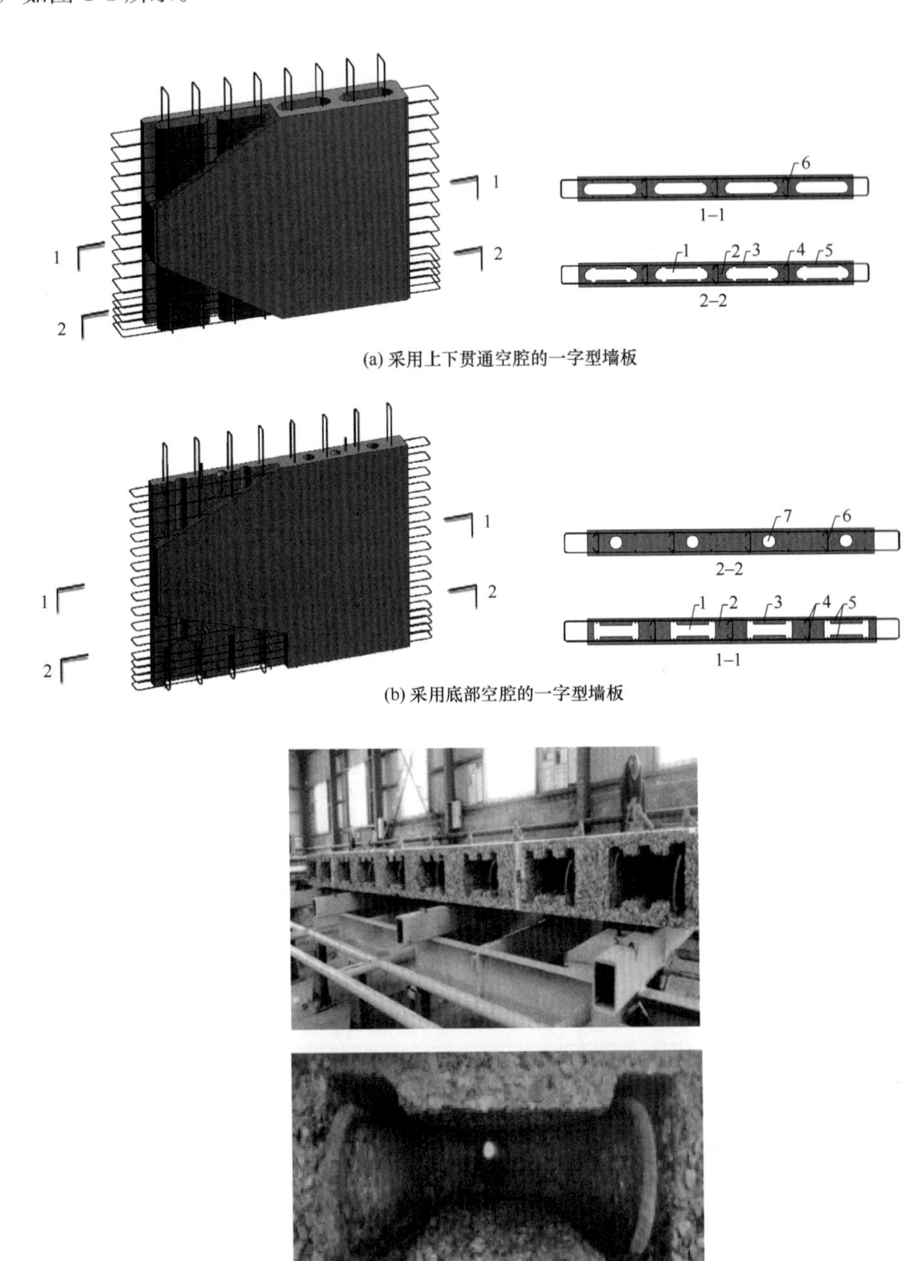

(a) 采用上下贯通空腔的一字型墙板

(b) 采用底部空腔的一字型墙板

(c) 空腔类型及竖向钢筋局部构造

图 1-1　纵肋空心墙板构造示意

1—空腔；2—纵肋；3—混凝土板；4—纵向钢筋；5—水平钢筋；6—拉筋；7—浇筑孔

纵肋空心墙板的主要特点：

（1）空腔类型多样化、标准化。纵肋之间的空腔可以采用上下贯通的空腔，也可以采用上部带混凝土浇筑孔道的底部空腔，还可以采用上部不带浇筑孔道的底部空腔，前两者采用普通混凝土浇筑，后者采用专用早强砂浆进行灌注。各类空腔均进行了标准化设计，便于设计师针对不同建筑结构进行设计，或利用大空腔减重效果设计大开间整体墙板，或采用下部空腔避开连梁等密集钢筋区域。

（2）空腔内壁水洗粗糙面。墙板四周以及预制空腔内壁，与后浇混凝土接触的所有面均采用水洗粗糙面，提高了现浇混凝土与预制混凝土的结合性能。

（3）墙板钢筋防涨模设计。墙板配筋采用双层骨架结构，采用拉筋将焊接成型的竖向和水平环形钢筋连接形成整体骨架，避免了现场后浇混凝土的胀模风险。

2. 夹心保温纵肋空心墙板

夹心保温纵肋空心墙板是由中间保温板、混凝土外叶板、设有纵肋空腔的混凝土内叶板构成的预制混凝土剪力墙构件，如图 1-2 所示。

夹心保温纵肋空心墙板除具有纵肋空心墙板的类似特点外，还具有以下特点：

（1）空腔类型更丰富。内叶板上的空腔宜采用与纵肋空心墙板相同的封闭式空腔。当墙板减重量需求较大时，也可采用开放式空腔，需要考虑后浇混凝土对保温板和外叶板的浇筑压力。

（2）适用各类常用保温拉结件类型。外叶板通过穿过纵肋的保温拉结件与内叶板连接在一起，形成非组合受力结构[21-23]。可采用不锈钢板式、针式、夹式拉结件，也可采用 FRP 拉结件。

（3）饰面多样性。可通过反打技术[24-25]实现外叶板与饰面瓷板、瓷砖、陶板、石材一体化，也可通过硅胶模板反打技术实现丰富的肌理造型与清水装饰效果，做到外墙板装饰、保温与结构同寿命，实现墙板全生命周期低碳化。

1.2.2 环锚搭接连接技术

1.2.2.1 水平接缝——预制空腔内环锚搭接连接技术

基于试验与理论研究[26-29]，提出了预制空腔内环锚搭接连接：与墙板一体预制的竖向环形钢筋，沿露筋槽插入上层墙板预制空腔内，通过后浇混凝土形成竖向钢筋逐根搭接连接的新型节点。该节点具有连接安全、施工便捷、节省钢筋、方便运输等突出优势，如图 1-3 所示。

环锚搭接连接的特点：

（1）空腔内露筋构造。纵肋叠合剪力墙水平接缝处，上层墙板竖向钢筋在底部搭接范围内在预制空腔的露筋槽内露出，露出长度不小于钢筋搭接长度，且端部加工成环形（特殊情况可采用直筋型式）。

（2）环形预留筋。与上层墙板竖向钢筋进行搭接连接的下层墙板预留钢筋应伸出墙板顶面，其顶部为倒 U 环形，伸出长度不小于墙板顶部后浇现浇区域高度与钢筋搭接长度之和。

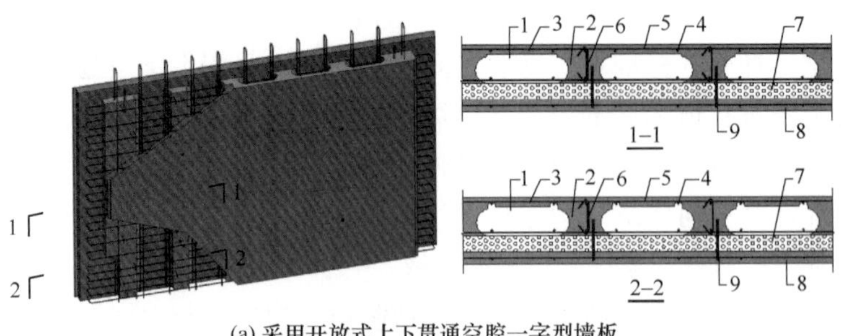

(a) 采用开放式上下贯通空腔一字型墙板

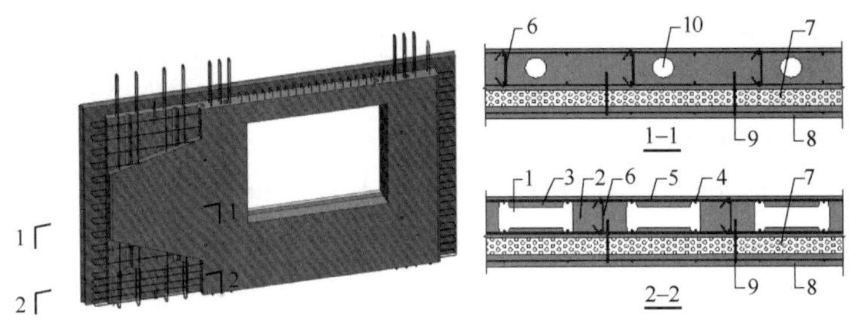

(b) 采用底部空腔的一字型墙板

(c) 瓷板外饰面

图 1-2　夹心保温纵肋空心墙板示意

1—空腔；2—纵肋；3—混凝土板；4—纵向钢筋；5—水平钢筋；
6—拉筋；7—保温板；8—外叶板；9—保温拉结件；10—浇筑孔

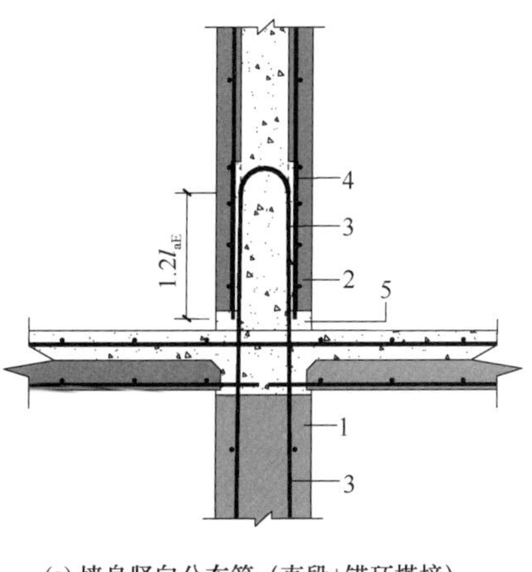

(a) 墙身竖向分布筋（直段+锚环搭接）

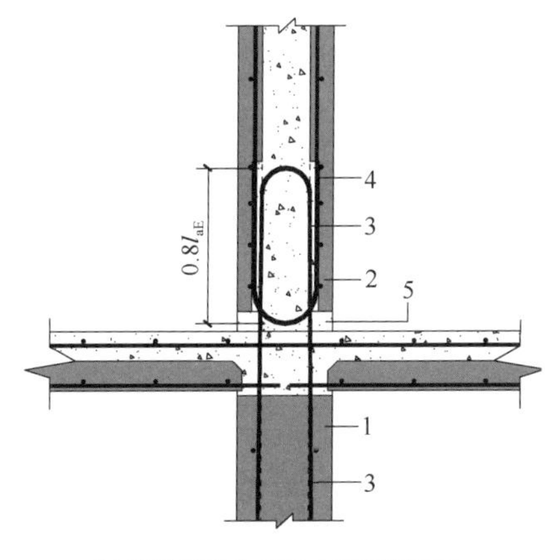

(b) 墙身竖向分布筋（双锚环搭接）

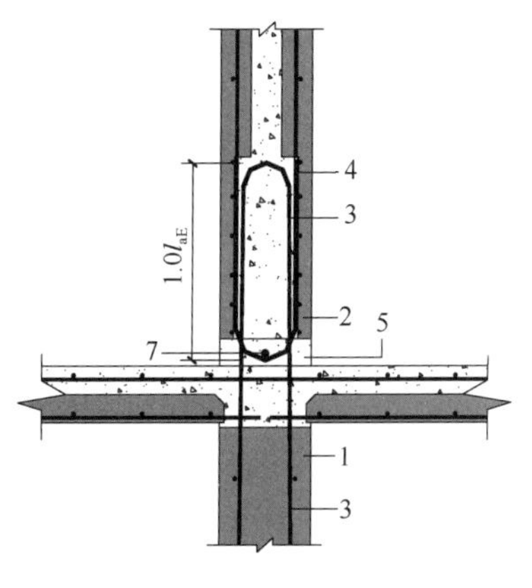

(c) 边缘构件纵筋（双锚环搭接）

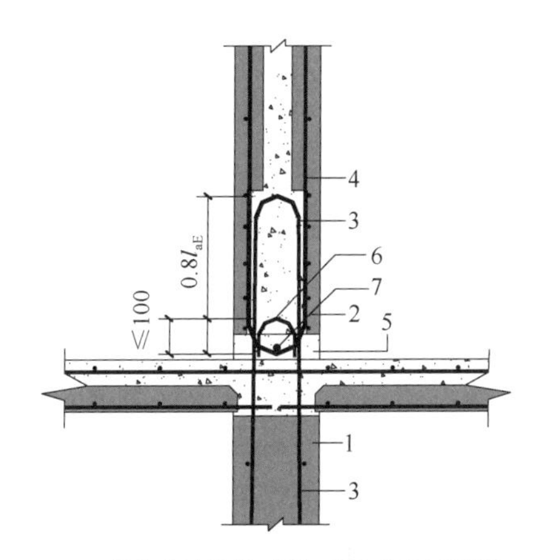

(d) 边缘构件纵筋（附加措施双锚环搭接）

图 1-3　水平接缝竖向钢筋搭接构造示意

1—下层预制构件；2—上层预制构件；3—下层墙体预留环状搭接钢筋；

4—上层墙体内竖向钢筋；5—水平接缝；6—附加锚环；7—加强筋

（3）连接钢筋要求。环锚搭接连接主要应用于墙身竖向分布筋连接和边缘构件竖向受力钢筋连接。墙身竖向分布筋连接采用单锚环或双锚环搭接形式，钢筋直径不宜大于12mm，当单锚环搭接时，钢筋搭接长度不应小于 1.2l_{aE}，当双环锚搭接时，钢筋搭接长度不应小于 0.8l_{aE}；边缘构件竖向受力钢筋连接应采用双锚环搭接形式，钢筋直径不宜大于 20mm，当双锚环钢筋搭接时，搭接长度不应小于 1.0l_{aE}，当采用加强措施时，搭接长度不应小于 0.8l_{aE}；各类构造中搭接钢筋间净距均不应超过较小钢筋直径的 4 倍。

（4）承插式快速装配。墙板预制空腔下部设置了便于下层墙板钢筋插入的露筋槽，可实现下层墙板预留插筋快速、精准插入空腔内，克服了传统空心墙板或双面叠合剪力墙板逐层安装连接钢筋存在的施工周期长、定位精度低等缺点。

（5）节点混凝土质量控制。后浇混凝土密实浇筑是纵肋结构体系精益施工的重要环节，核心工艺措施为：采用粗骨料粒径不大于 20mm 的大流动度普通混凝土或自密实混凝土，分层浇筑，层高不宜超过 0.5 倍墙高，采用 $\phi30$ 插入式振捣棒逐孔振捣密实。该技术经实际工程验证，能够有效保证纵肋结构体系混凝土叠合质量。

1.2.2.2　竖向接缝——水平钢筋环锚搭接连接技术

纵肋叠合剪力墙竖向拼缝可设置在墙身或者纵横墙交接部位，并宜避开建筑物角部等受力和变形较大的部位。

约束边缘构件设计原则：

（1）如图 1-4 所示，纵横墙交接处的约束边缘构件阴影区应采用后浇混凝土，并设置封闭箍筋。

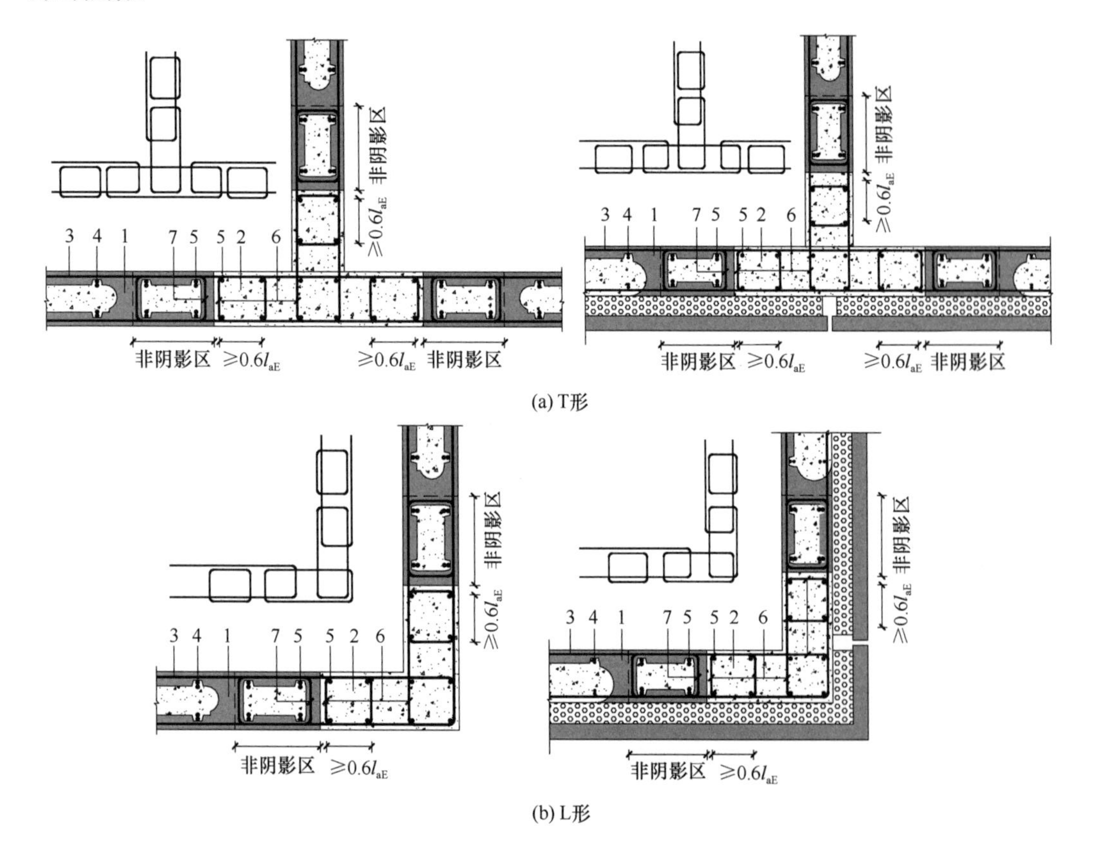

(a) T形

(b) L形

图 1-4　纵横墙交接处现浇约束边缘构件示意

1—预制构件；2—后浇段；3—墙体水平钢筋；4—墙体纵向钢筋；

5—边缘构件纵向钢筋；6—后浇段箍筋；7—非阴影区箍筋

（2）如图 1-5 所示，墙肢端部的约束边缘构件阴影区宜采用现浇，也可采用叠合形式。

（3）约束边缘构件非阴影区可采用叠合形式，并应在非阴影区内设置箍筋或拉筋。

如图 1-6 所示，构造边缘构件可采用后浇混凝土或叠合形式。

如图 1-7 所示，非边缘构件位置，相邻纵肋叠合剪力墙之间设置后浇段，采用水平钢筋环锚搭接。

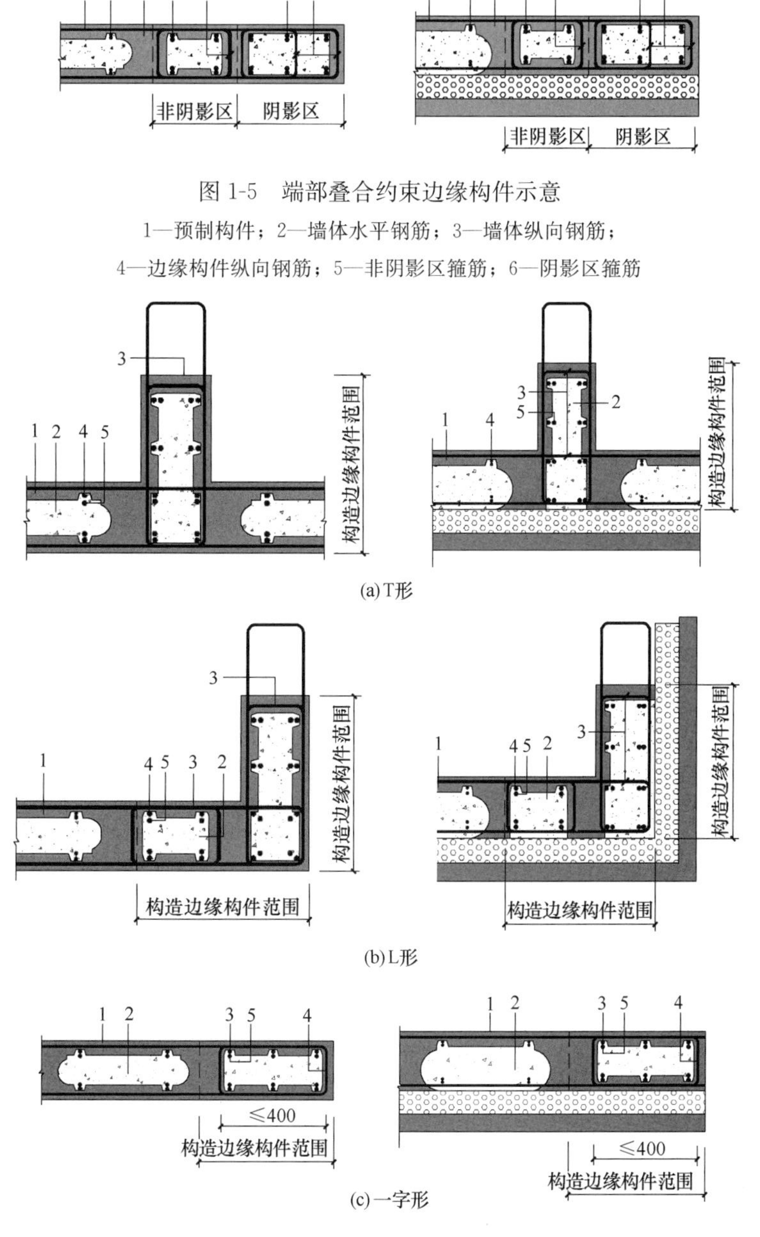

图 1-5　端部叠合约束边缘构件示意

1—预制构件；2—墙体水平钢筋；3—墙体纵向钢筋；

4—边缘构件纵向钢筋；5—非阴影区箍筋；6—阴影区箍筋

图 1-6　叠合构造边缘构件示意

1—纵肋空心墙板；2—空腔；3—构造边缘构件箍筋；

4—构造边缘构件竖向钢筋；5—搭接钢筋

1.2.3　自动化生产装备

为了实现纵肋空心墙板的高品质、高效率、低能耗、规模化制备，研发单位之一的北京市燕通建筑构件有限公司围绕墙板成型、空腔成型和钢筋加工等核心工艺环节，重点开发了智能化生产设备。主要包括大型成组立模设备[30-31]、自动化空腔脱模设备、钢

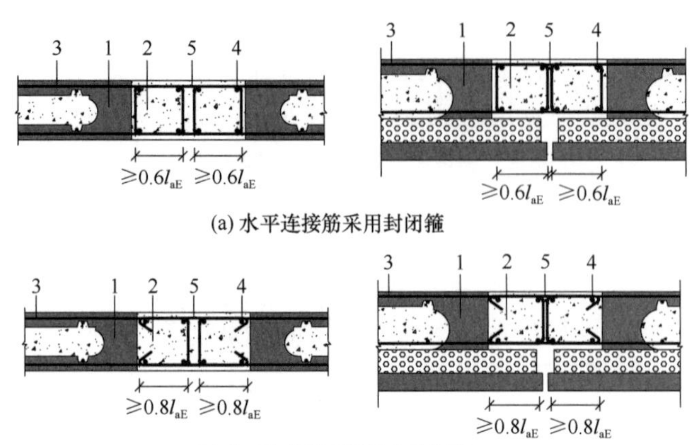

(a) 水平连接筋采用封闭箍

(b) 水平连接筋采用带弯钩钢筋

图 1-7　后浇段构造示意

1—预制构件；2—后浇段；3—墙体水平钢筋；4—后浇段竖向筋；5—水平连接钢筋

筋加工和保温板加工机器人。基于配筋和预留预埋件标准化研究，研发了箍筋焊接机器人、网片焊接机器人和墙板钢筋骨架成型机器人，基本实现了墙板用钢筋部品的自动化加工，加工质量大幅度提升，节能减排效果极为明显。通过研发大型墙板立模生产装备，解决了空腔成型模具原位组拆模及出筋边模封浆难题，明显提高了墙板外观质量、几何尺寸精度；通过构建自动化生产线，开展免振捣、免蒸养混凝土配制和成型工艺研究，生产效率大幅提高、成本显著降低，有力推动了预制构件绿色低碳、智能化生产转型升级。相关装备如图 1-8 所示。

(a) 成组立模

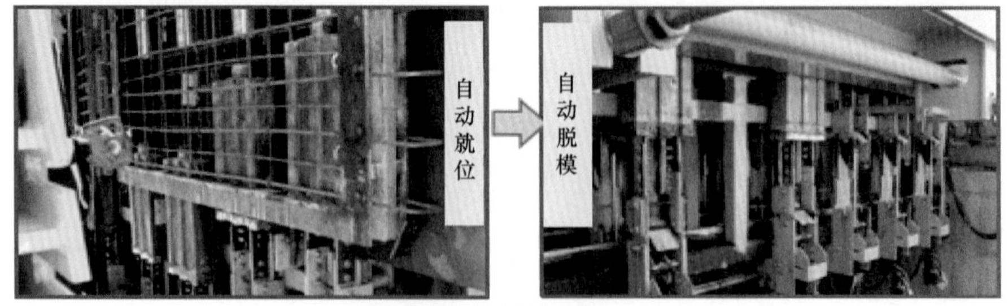

(b) 自动化空腔脱模设备

(c) 多工位箍筋焊接设备

(d) 复杂钢筋网片焊接设备

图 1-8　自动化生产装备

1.2.4　智能化建造

聚焦工业化易建造、产品化自动生产、绿色化低碳发展等装配式理念，结合纵肋结构体系在超大型 EPC 社区项目的应用，通过设计、生产、施工各环节一体化研究，研发了自主知识产权的设计软件和信息化管控平台，实现上下游数据高效对接、全专业信息协同，促进了基于专用体系的标准化设计、智能化建造落地实施，如图 1-9 所示。

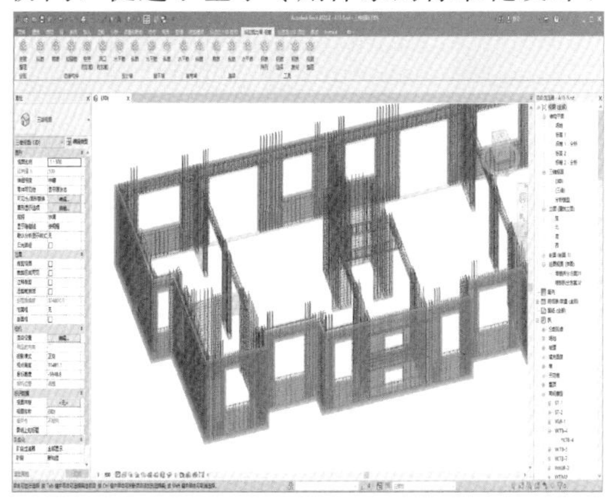
(a) BIM设计软件

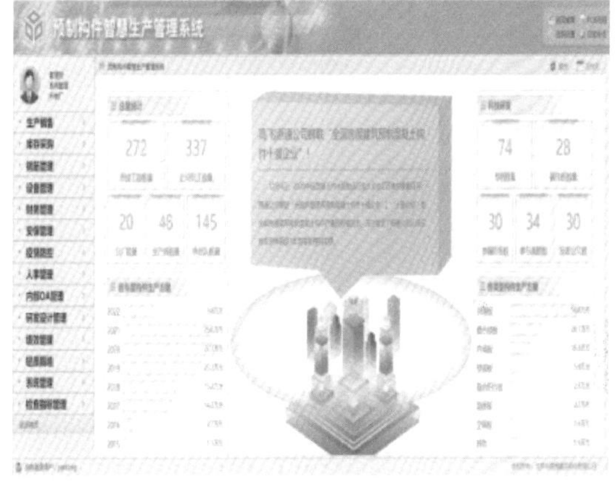

(b) 智慧生产管理系统

(c) 智慧工地管理系统

图 1-9　自动化生产装备纵肋结构体系信息化管理技术

结合纵肋结构体系技术特点，进行标准化设计，开发纵肋叠合剪力墙 BIM 设计软件[32]。该 BIM 设计软件，采用 REVIT 开发平台，集成墙板拆分、墙板配筋、预埋件布置、墙板出图等五大功能模块，提升信息化水平和设计效率，实现设计与生产环节数据互联互通。

基于智能化生产设备和预制构件管理流程再造，开发智慧生产管理系统(I-PCIS)[33]，该系统基于 BIM、RFID、物联网、大数据、云存储等技术，打通工厂与现场数据，实现构件生产安装"一码到底"的全过程管理和追溯。

结合装配式建筑项目特点，开发了智慧工地管理系统。该平台基于 BIM 技术、动态监控、大数据等技术，有效衔接智慧生产管理系统，实现了预制构件、人员、设备、材料精准调度，质量、安全、环境全过程监测，多项目、大数据动态决策管控。

1.2.5 外墙接缝构造

预制外墙板的水平接缝、竖向接缝应满足防水、保温、防火、隔声性能的要求，如图 1-10 所示。

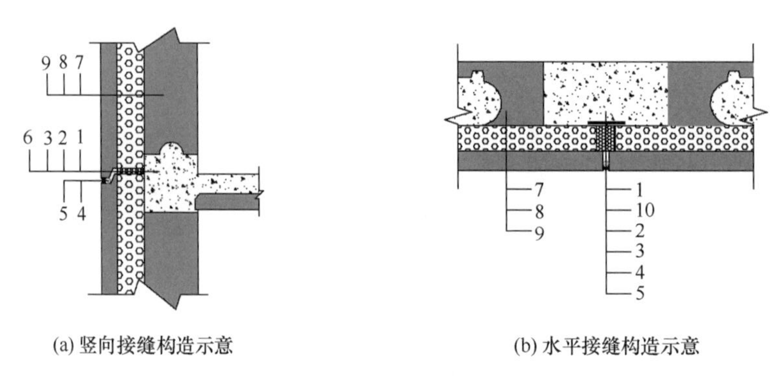

(a) 竖向接缝构造示意　　(b) 水平接缝构造示意

图 1-10　夹心保温预制墙板构造示意

1—混凝土后浇区；2—后填保温材料；3—接缝防水空腔；4—背衬材料；5—密封胶；6—外叶墙板企口；7—内叶墙板；8—保温板；9—外叶墙板；10—防水胶带

水平接缝设计构造要点为：

(1) 楼层处的保温层接缝应填塞密实。

(2) 外叶板接缝宽度不应小于 15mm 且不宜大于 35mm，接缝宜采用内高外低的企口构造形式。

(3) 接缝不得采用砂浆等硬质材料填充；接缝室外一侧应采用密封胶进行密封，密封胶厚度不宜小于 8mm，且不宜少于缝宽的一半；密封胶内侧应设置背衬材料填充。

竖向接缝设计构造要点为：

(1) 竖向接缝宜为直缝，接缝宽度不应小于 15mm 且不宜大于 35mm。

(2) 接缝不得采用砂浆等硬质材料填充；接缝室外一侧应采用密封胶进行密封，密封胶厚度不宜小于 8mm，且不宜少于缝宽的一半；密封胶内侧应设置背衬材料填充。

(3) 接缝处夹心保温板之间的空隙应采用保温材料进行填充，并粘贴防水胶带。

（4）必要时，按设计要求安装排水、排气管；一般三层设置一个排水管，管径 8mm 最宜，至少凸出外墙装饰面 5mm，倾斜角度 20°；排水管安装时必须确保被密封胶完全包裹，不能有丝毫的间隙，确保其牢固。

1.3　相关标准

针对纵肋结构体系，编制实施了北京市地方标准暨京津冀区域协同工程建设标准《装配式剪力墙结构设计规程》（DB11/1003—2022）（京津冀统一备案号 J 16494—2022）[34]、河北省地方标准《装配式纵肋叠合混凝土剪力墙结构技术标准》[DB13（J）/T 8418—2021][35]、中国工程标准化协会标准《纵肋叠合混凝土剪力墙结构技术规程》（T/CECS 793—2020）[36]，如图 1-11 所示。在编的内蒙古自治区标准《纵肋叠合混凝土剪力墙结构技术规程》、辽宁省地方标准《装配式纵肋叠合剪力墙结构技术规程》，北京市地方标准《装配式混凝土夹心保温外墙板应用技术规程》。纵肋结构体系已经构建了较为完善的标准体系，规范了纵肋叠合剪力墙体系从适用范围、材料选用、建筑设计、结构设计到构件生产、施工安装、质量验收等重要环节的技术要点，为实际工程高品质、高效率建造提供了全面的技术指导。

图 1-11　纵肋结构体系标准

1.4　工程应用

目前，纵肋结构体系已在北京地区的丁各庄公租房、北京市副中心住房、顺义新城公租房、怀柔首城山水商品房、怀柔新城怀胜雅居商品房，河北承德的金隅示范小区、山语墅，沈阳金地峯范小区，江西抚州玖悦府小区等二十多个大型装配式建筑项目上规模化应用，建筑类型涵盖公租房、商品房、人才公寓，总建筑面积超过 500 万 m^2，预制构件用量超过 40 万 m^3。

1.4.1 项目1：河北承德金隅小区示范项目

本项目为承德市住宅产业化示范工程，是纵肋叠合剪力墙体系首个实际工程项目，位于河北承德市鹰手营子矿区鹰手营子镇柳河西岸，总建筑面积12.17万m^2、地上建筑面积10.76万m^2、地下建筑面积1.41万m^2，主要为高层、小高层建筑。目前，该工程主体结构已竣工验收，取得了良好的技术示范效果，如图1-12所示。

本项目中15号楼采用纵肋叠合剪力墙结构体，总建筑面积6272.71m^2；地下1层，地上11层，4层及以上进行预制装配，总高度32.200m，采用夹心保温纵肋空心墙板、纵肋空心墙板、叠合楼板、预制空调板、预制阳台板、预制楼梯等多种预制构件。

图1-12 承德金隅示范项目

1.4.2 项目2：北京通州区丁各庄项目

丁各庄公租房项目是北京市首个采用纵肋叠合剪力墙新型结构体系的规模化建设项目[37]，主要由公租房、增配商业、居住公服、幼儿园、地下车库组成，总建筑面积30.75万m^2，其中地上总建筑面积约16.7万m^2，地下总建筑面积约14万m^2，公租房建筑面积12.20万m^2，增配商业建筑面积2.99万m^2，总工期955天。目前，该项目已竣工，如图1-13所示。

该项目住宅采用纵肋叠合剪力墙体系、瓷板反打外饰面技术和装配式装修技术，装配式化程度高，预制率近52%，装配率近80%。该住宅地上1～4层采用现浇剪力墙结构，5层至顶层采用纵肋叠合剪力墙结构，1层至4层外墙装饰层为保温装饰一体板，5层至顶层为瓷板反打饰面，全楼采用装配式装修。

该项目采用标准化、大尺寸预制构件，包含夹心保温纵肋空心墙板、纵肋空心墙板、叠合楼板、预制空调板、预制阳台板、预制挂板、预制栏板、预制楼梯8类，其中外墙板

图 1-13　通州丁各庄项目

共计 15 种、7424 块，内墙板共计 5 种、2560 块，叠合楼板共计 3 种、6321 块，预制空调板共计 3340 块，预制阳台板共计 1127 块，预制挂板共计 2528 块，预制楼梯板共计 632 块。

该项目采用大尺寸纵肋空心墙板布置方案，减少预制墙板规格。方案中，预制外墙最大尺寸为 340mm×2815mm×5930mm，质量 6.74t，预制内墙最大尺寸为 200mm×2570mm×5600mm，质量 4.75t。

各类预制构件均由主要研发单位之一的北京市燕通建筑构件有限公司提供。

1.4.3　项目 3：北京顺义区新城公租房项目

新城公租房项目是北京市第一个采用工程总承包模式的装配式保障性住房项目，由主要研发单位北京市住宅产业化集团承担，位于顺义新城第 18 街区 SY00-0018-6015～6017 地块，规划建设用地面积 9.85 万 m^2，限高 45m，容积率 2.5，总建筑面积 37.24 万 m^2，其中地上建筑面积 24.61 万 m^2，地下建筑面积 12.63 万 m^2。住宅共计 15 栋，均为 15 层，如图 1-14 所示。

该项目住宅采用装配式纵肋叠合剪力墙结构体系和标准化设计技术，形成标准化的户型设计单元（30m^2 户型 300 户、40m^2 户型 780 户、60m^2 户型 1930 户，30＋60 拼成的 90m^2 户型 209 户），使预制率在 40.76%～43.14%，装配率为 94.1%。该住宅 4 层至顶层采用预制墙体，首层至屋面采用水平预制构件（楼板、空调板、阳台板、楼梯）。

该项目预制构件标规格品种少，数量大，包含夹心保温纵肋空心墙板、纵肋空心墙板、叠合楼板、预制空调板、预制阳台板、预制楼梯 6 类，其中预制外墙种类为 30 种，9800 块；预制内墙种类为 6 种，4100 块；叠合板种类为 16 种，16000 块；空调板种类为

图 1-14　顺义区新城公租房项目

1 种，2200 块；阳台板种类为 6 种，3480 块；楼梯种类为 2 种，1140 块。

同时，该项目还采用 BIM 设计软件，进行正向设计，实现建筑、结构、机电、内装各专业的设计集成，提高了设计效率和精度，实现设计、生产、安装施工一体化管控，有效控制工期进度和项目成本；采用装配式装修技术，包含集成隔墙与墙面系统、干法楼地面系统、集成式厨卫系统，实现了技术突破，升级了用户体验。

1.4.4　项目 4：北京城市副中心住房项目 A 号地块项目（0701 街区）

本项目规模庞大，共分两个标段，位于通州区宋庄镇六合新村西侧，主要功能由住房、配套商业、地下车库组成。总建筑面积约 56.8 万 m^2，其中地上建筑规模约 33.3 万 m^2，地下约为 23.2 万 m^2，住宅共计 51 栋，5～14 层，建筑高度 15～42m，如图 1-15 所示。

图 1-15　北京城市副中心住房项目 A 号地块项目

一标段总建筑面积近 36.5 万 m^2。其中，地上建筑规模近 22 万 m^2，地下建筑规模约 14.5 万 m^2（含地下机动车库、非机动车库、非甲乙类库房及人防）；

二标段为采用工程总承包模式的装配式保障性住房项目，由主要研发单位北京市住宅产业化集团承担[38]，总建筑面积近 20.4 万 m^2。其中，地上建筑规模近 11.2 万 m^2，地下建筑含地下机动车库、非机动车库、非甲乙类库房及人防。

该项目地上 2 层及以上均采用纵肋叠合剪力墙技术体系和瓷板反打外饰面技术，预制率在 40.4%～48.2%，装配率为 87.7 %～100%。

该项目预制构件标规格多、数量大，包含纵肋空心墙板、叠合楼板、预制空调板、预制阳台板、预制楼梯等 6 类，其中预制外墙种类为 70 种，19800 块；预制内墙种类为 7 种，2200 块；叠合板种类为 39 种，22000 块；空调板种类为 6 种，2500 块；阳台板种类为 6 种，2470 块；楼梯种类为 2 种，2350 块。

同时，该项目二标段还应用研发的智慧工地平台，实现预制构件生产段与施工现场段信息联动互通，实现了运输车辆不等待，预制构件不堆场，塔吊快速吊运，从而实现“预制构件不落地”精度调度管控，详见第 5 章。

1.4.5　项目 5：北京怀柔区新城项目

新城项目是全国首个纵肋叠合剪力墙体系多层住宅建筑项目，位于怀柔区庙城 HR00-0014-6019 地块，为 R2 二类居住用地、B1 商业用地、S4 社会停车场用地、A33 基础教育用地、U22 环卫设施用地项目，总建筑面积约 6.99 万 m^2，其中地上 4.31 万 m^2、地下 2.6825.50 万 m^2，如图 1-16 所示。

图 1-16　怀柔区新城项目

该项目地上 1 层及以上均采用纵肋叠合剪力墙技术体系，预制率近 43%，装配率为 94.8 %。

该项目预制构件标规格少，数量大，标准化程度高，包含夹心保温纵肋空心墙板、纵肋空心墙板、叠合楼板、预制空调板、预制楼梯5类，其中预制外墙种类为9种，1991块，最大板块质量为5.57t；预制内墙种类为3种，690块，最大板块质量为4.42t；叠合板种类为11种，3488块，最大板块质量为1.41t；空调板种类为7种，584块，最大板块质量为1.54t；楼梯种类为2种，38块，最大质量为4.49t。

1.4.6 项目6：江西抚州玖悦府项目介绍

玖悦府项目采用装配式纵肋叠合混凝土剪力墙结构体系和EPC总承包方式建造，由江西盛嘉置业开发、中阳建设集团承建，中阳设计院设计，是江西省抚州市首个装配式地产开发项目。该项目地理位置优越，距离临川一中实验学校新校区700m，抚州火车站800m。项目总用地面积6.05万m^2，容积率1.99，总建筑面积15.83万m^2，其中地上12.26万m^2，地下3.57万m^2，共计19栋住宅，其中6栋26层、13栋11层，如图1-17所示。

图1-17　抚州玖悦府项目

该项目通过BIM正向设计和标准化设计，形成模块化户型单元，总户数1072户，其中97m^2户型77户，101m^2户型250户，106m^2户型27户，113m^2户型564户，122m^2户型154户，单体装配率68%。3层至顶层采用预制墙体，2层至屋面采用水平预制构件。

该项目预制构件规格品种少、数量大，重复率高，包括预制叠合外墙、叠合内墙、飘窗、叠合板、空调板、阳台板、楼梯7种类型。其中预制叠合外墙22种，4632块；叠合内墙4种，1546块；飘窗6种，2352块；叠合板52种，12871块；空调板11种，1438块；阳台板7种，1548块；楼梯2种，992块。

1.5　技术先进性与优势

纵肋叠合剪力墙体系相关研究成果经住房城乡建设部有关部门组织验收，总体达到国际先进水平，其中夹心保温纵肋空心墙板及其生产技术和竖向受力钢筋在空腔内环锚搭接连接技术处于国际领先水平。

“装配式纵肋叠合剪力墙结构体系”已成功入选中国建筑学会建筑产业现代化发展委员会发布的装配式建筑“先进成熟适用新技术”汇编（第一批）。

“纵肋叠合混凝土剪力墙建造成套技术”荣获 2022 年度“建华工程奖”一等奖。“纵肋叠合剪力墙住宅一体化建造技术研究与示范”荣获 2022 年度“中国房地产业协会科学技术奖”一等奖。“装配式纵肋叠合剪力墙结构成套技术研究与应用”获 2021 年度“中国建筑材料联合会·中国硅酸盐学会建筑材料科学技术奖”技术进步类二等奖。采用纵肋结构体系的“北京城市副中心住房项目（0701 街区）B 号地块第二标段”获得 2021 年度中国建筑设计院有限公司“结构住宅施工图设计”一等奖。

经过多个工程项目应用，与传统装配式剪力墙结构体系相比较，纵肋叠合剪力墙结构体系具有如下优点：

一是连接施工质量易管控。预制墙板通过竖向钢筋预制空腔内环锚搭接、空腔内壁水洗粗糙面成型和整体式钢筋骨架等创新技术，结合后浇混凝土密实浇筑措施，克服了套筒灌浆连接施工质量隐患与验收难题。

二是施工速度快。空心墙板尺寸大，降低了接缝数量和吊装频次；竖向连接钢筋与墙板一体化预制及承插式安装，克服了竖向连接钢筋逐层后插筋、安装效率低问题；标准层结构施工可实现 3 ~ 5d/层。

三是综合成本低。专用 BIM 设计软件实现了预制墙板标准化设计；焊接封闭箍筋、焊接环形钢筋、焊接网片、大型立模生产线及信息化管控平台实现了预制墙板自动化生产；预制墙板采用现有平模流水线实现了快速转产；系列化施工机具和工法实现了高效精益施工；与套筒灌浆剪力墙结构比，主体结构施工成本可降低 100 元/以上。

四是有利于低碳节能。结构保温装饰一体化外墙板，既能实现外饰面多样性，又能实现装饰、保温与结构同寿命，克服了传统外墙保温脱落与火灾风险，避免了保温、装饰材料后期更换，有效降低维护成本，实现低碳节能。

具体对比情况见表 1-2、表 1-3。

表 1-2　纵肋结构体系与套筒灌浆结构体系优缺点对比

项目	纵肋结构	套筒灌浆剪力墙结构	对比
竖向钢筋连接方式及质量管控	环锚搭接连接，空腔与叠合板混凝土连续浇筑施工，施工便捷、质量验收方便	灌浆施工、接头质量验收困难；叠合板后浇混凝土施工需等待灌浆接头强度满足要求	纵肋优于套筒灌浆
施工速度	板幅大，安装快，3～5d/标准层	5～7d/标准层	纵肋优于套筒灌浆

续表

项目	纵肋结构	套筒灌浆剪力墙结构	对比
综合成本	与套筒灌浆比，综合成本降低100元/m^2以上	与现浇结构比，成本高350～500元/m^2	纵肋优于套筒灌浆
工业化程度	专用BIM设计软件、自动化钢筋加工设备、墙板立模或平模生产线	半自动化平模生产线	纵肋优于套筒灌浆
外墙板一体化	可实现瓷板反打、肌理混凝土饰面反打技术，可实现结构-保温-装饰一体化和同寿命	可实现瓷板反打、肌理混凝土饰面反打技术，可实现结构-保温-装饰一体化和同寿命	相同

表1-3 纵肋结构体系与双面叠合剪力墙结构体系优缺点对比

项目	纵肋结构	双面叠合剪力墙结构	对比
钢筋骨架整体性	两侧预制墙板钢筋网片采用拉筋绑扎固定形成整体骨架，无空腔混凝土浇筑施工爆模风险	两侧预制墙板采用钢筋桁架连接，一侧为插入方式，钢筋网片与桁架非整体连接，空腔混凝土浇筑施工爆模风险较大	纵肋优于双皮墙
竖向钢筋搭接连接	（0.8～1.0）l_{aE}，连接长度小	$1.2l_{aE}+1.2l_{aE}$+楼板高度，连接长度大	纵肋优于双皮墙
水平钢筋搭接连接	$1.2l_{aE}$，连接长度小	$1.0l_{aE}+1.0l_{aE}$+接缝宽度，连接长度大	纵肋优于双皮墙
保温拉结件	不锈钢板式和针式拉结件组合使用，数量少，成本低	RFP拉结件与不锈钢针式拉结件组合使用，数量多，成本高	纵肋优于双皮墙
墙板类型	可生产一字形、L形、T形墙板	只能生产一字形墙板	纵肋优于双皮墙
外墙板一体化	可实现瓷板反打、肌理混凝土饰面反打技术，可实现结构-保温-装饰一体化和同寿命	尚未实现装饰与结构同寿命	纵肋优于双皮墙
安装效率	除现浇预制转换层外，预制墙板预留环形竖向连接钢筋，施工现场承插式连接，安装速度快、精度高	所有楼层的竖向连接钢筋必须现场插放，安装速度慢，精度差	纵肋优于双皮墙
综合成本	钢筋和拉结件用量小、预制混凝土数量大	钢筋和拉结件用量大，现浇混凝土数量大	基本持平
工业化程度	专用BIM设计软件、自动化钢筋加工设备、墙板立模或平模生产线	专用BIM设计软件、自动化钢筋加工设备、墙板平模生产线	基本相同

第 2 章　预制构件运输与存放

2.1　预制构件安全运输

2.1.1　运输准备

预制构件运输前，应制订运输方案，设计并制作运输架，并勘察运输路线：

(1) 构件运输前，构件厂应与施工单位负责人沟通，制订构件运输方案，包括：配送构件的结构特点及重量、选定装卸机械及运输车辆（平板拖车）、运输路线、堆放场地等。构件运输方案得到双方签字确认后才能运输。

(2) 组织相关运输人员察看道路情况，沿途上空有无障碍物，公路、桥梁的允许荷载量，通过涵洞的净尺寸、限高等；选定专人进行实地踏勘，分别记录早中晚高峰期间车辆通行时间，根据运输路线要平整坚实，现场运输道路路面承载力满足构件运输车载重运输，路线具备构件运输车辆转弯、掉头等基本要求；制订运输方案，着重了解运输道路主要路口拥堵时间段，客车和货车通行量等；如不能满足车辆顺利通行，应及时调整运输路线并再次察看路线，制定出最佳顺畅的路线；如有特殊情况须向交管部门报备。

(3) 构件运输前，应确定构件出厂日期的混凝土强度，设计明确要求混凝土强度后才能运输；当设计无要求时，构件混凝土强度不得低于混凝土强度设计值。

(4) 根据构件的重量和外形尺寸设计制作各类构件的运输架。设计时应尽量考虑多种构件能够通用。构件运输架应根据构件种类进行设计，水平构件和竖向构件应分类设计，运输架应经过设计、计算。运输架应注明最大运输荷载，架体与车体固定措施应经过计算复核。

2.1.2　运输阶段质量控制要点

预制构件运输阶段质量控制内容包括在装车与卸货工艺控制、构件运输捆扎与垫放方式等方面。

装车与卸货工艺控制要点为：

(1) 运输车辆可采用大吨位卡车或平板拖车，吊装机械采用龙门吊、塔吊或汽车吊。

(2) 预制构件吊装前，应按照设计要求对所涉及的工器具进行承载力验算，吊装时，必须明确指挥人员，统一指挥信号。

(3) 预制构件设置标牌，标明构件的名称、编号。构件运进场地后，应按规定或编号顺序有序地摆放在规定的位置。

（4）运输车辆应慢启动、匀速行驶，严禁超速、猛拐和急刹车。

（5）装卸构件时要妥善保护，必要时要采取软质吊具。

预制构件应按类别、尺寸装车存放，并采取配套支撑、防护措施，如图 2-1 所示。

（1）运输过程中，纵肋空心墙板采用专用靠放架立式运输存放。靠放架立式运输时，墙板与地面倾斜角度大于 80°，构件对称靠放，每侧不大于 2 层，外墙板外饰面层朝外放置。下方垫木采用 100mm×100mm 木方，支点中心位置为吊钉投影位置，且支垫在墙板

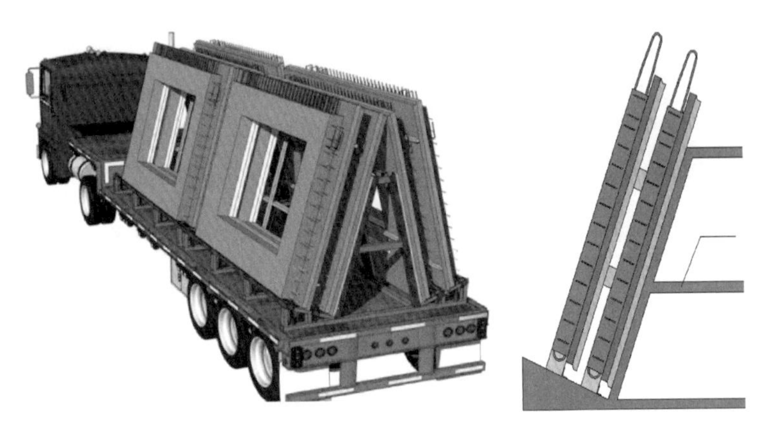

(a) 墙板运输

(b) 叠合板运输

(c) 楼梯运输

图 2-1　预制构件运输示意

下部纵肋位置；应支垫在内叶板纵肋处，不应支垫在外叶板位置；两块墙板之间使用 50mm×100mm×300mm 长 L 形垫木挂在墙板顶部，有效分离内外两块墙板，防止磕碰，如图 2-1（a）所示。

（2）叠合板采用水平叠放的运输存放方式，方木垫块一般为 100mm×100mm×250mm，支垫在紧邻吊点内侧，保证上下对齐，最底层使用通长 100mm×100mm 木方，与板纵向垂直码放，每垛码放不超过 6 层，如图 2-1（b）所示。

（3）楼梯同样采用水平叠放的运输存放方式，垫木使用 100mm×100mm×500mm，支垫在吊点处，最下面通长垫木，层与层之间垫平、垫实，每垛不超过 3 块，如图 2-1（c）所示。

（4）各构件用钢丝绳索固定绑牢，并采用防护措施，防止运输时受损。具体实施需侧重以下几点：钢丝绳索可采用八字形或倒八字形，交叉捆绑或下压式捆绑等有效方式。根据安装状态受力特点，制订有针对性的加固措施，例如门式墙板门口处增加加固型钢，保证生产和运输过程构件不受损坏。设置柔性垫片，避免预制构件边角部位、绳索接触处的混凝土损伤。墙板门窗框、装饰表面和棱角采用塑料贴膜或其他有效措施防护。

（5）在运输中，每行驶一段（50km 左右）路程要停车检查构件稳定和紧固情况，如发现移位、捆扎和防滑垫块松动时，要及时处理。

2.2　预制构件安全存放

2.2.1　存放场区场地要求

存放场区布置、设计具体要求如下：

（1）构件堆放区场地必须平整坚实，用混凝土硬化压光，并做好排水措施，不得积水；竖向构件插放架要固定牢固，满足堆放安全要求，大风天气能保证平稳不发生倒塌。

（2）存储场地应设有专用的墙板立式存放架。

（3）存储场地应做好安全维护和防护，构件吊装作业时，场地内及吊装区域内不得有人员穿行、靠近。存放区应拉警戒线进行封闭管理，针对特殊长时间未使用构件进行质量措施保护。

（4）按构件的形式和数量，划分为预制墙板、预制楼梯、叠合板，现场按类型分类堆放，并在明显部位设警示标示牌。

（5）依据现有场地进行构件堆放规划，构件堆放区综合考虑塔吊覆盖范围、吊重、构件质量及现场场地条件等因素，合理布置。

（6）在车库顶板上设置堆放区时，构件堆放区下方车库顶板承载力需进行承载能力验算，验算结果能够满足堆土和构件堆放的承载力要求；为防止构件堆放对车库顶板造成损害，可采取构件堆放区域下部支撑体系不拆除的方式加以保证；也可采取拆除模板支撑后设置支撑架的方式，保证荷载传至基础底板并进行安全验算。

（7）车库顶板上方覆土回填之前，禁止构件运输车辆直接在车库顶板上方通行；覆土回填后，如在覆土上方设置构件运输车辆通行道路，需采取加设支撑、限载通行等安全技术措施，并进行安全验算，规划道路须进行硬化或铺设钢板。

2.2.2 纵肋空心墙板存放控制要点

纵肋空心墙板应选用合理的存放方案，既可方便吊装，又可有效避免构件损伤。纵肋空心墙板控制要点为：

（1）纵肋空心墙板须立式码放在指定区域、位置的专用插放架内，如图 2-2（a）所示。插放架应有足够的强度和刚度。墙板码放要保证构件直立，不得有歪斜现象。支点位置为吊钉垂直投影部位的纵肋处，必须支垫在内页墙板处，禁止支垫在外页墙板处。薄弱构件、构件薄弱部位和门窗洞口应采取防止变形开裂的临时加固措施。

(a) 立式码放

(b) 方木支垫

(c) 专用支垫

图 2-2 纵肋空心墙板存放示意

（2）架体两侧存放竖向构件，预制外墙与内墙板宜分开存放，其中预制外墙板宜对称靠放，饰面朝外。预制外墙下部放垫木防止外叶板磕碰，上部采用木垫块隔离，角部采用木质防护，底部采用木方支撑在内叶板纵肋下，如图 2-2（b）所示。

（3）由于纵肋空心墙板空腔部位相对薄弱，若下部支垫存放不规范，极易出现开裂、掉角、倾倒，造成不可逆转的质量问题。实际工程中常用两种方式：①预制墙板下方垫木采用 100mm×100mm 木方，支点不少于两个，设在构件下部两端，支点必须支垫在墙板下部纵肋位置；外墙板必须支垫在内叶板纵肋处，保证构件外叶板底面高于地面，严禁支垫在外叶板位置。存放前在纵肋墙体上根据纵肋位置标出垫木位置，防止构件空腔位置落于垫木上，导致空腔损坏；②外墙墙板构件下部支垫采用研发团队开发的墙板支垫工具，如图 2-2（c）所示，支点位置要求同前一种方式。

2.2.3　水平构件存放控制要点

水平构件一般采用水平堆放方式，如图 2-3 所示。

叠合板存放工艺注意事项为：

（1）叠合板构件可采用叠放方式存放，应采取防止构件产生裂缝的措施，构件堆放层与层之间应垫平、垫实，每层构件之间用垫木隔开，堆放时底板与地面之间应有一定的空隙，各层垫木应上下对齐，最下面一层垫木（100mm×100mm 木方）应通长设置或采用专用叠合板吊装架，不同板号应分别堆放，叠放层数不宜超过 6 层，并应根据需要采取防止堆垛倾覆的措施。长期存放要经常观察构件有无变形、开裂，发现构件变形及时调整支点位置，保证构件处于水平状态。

（2）叠合板垫木放置在桁架侧边，垫木距板两端（至板端 200mm）及跨中位置均应设置垫木且间距不大于 1600mm，最下面一层支垫应通长设置，垫木不宜小于 100mm×100mm。堆放时间不宜超过两个月，如图 2-3（a）所示。

预制阳台板、空调板存放工艺控制要点为：

（1）预制阳台板、空调板运送到施工现场后，应按规格、品种、所用部位、吊装顺序分别设置堆场。堆垛之间宜设置通道。

（2）堆放时，层与层之间应垫平、垫实，各层支垫应上下对齐，最下面一层支垫应通长设置。

（3）预制阳台板叠放层数不宜超过 4 层，预制阳台板封边高度超过 200mm 时宜单层放置，如图 2-3（b）所示。

（4）预制空调板叠放层数不宜超过 6 层，如图 2-3（c）所示。

预制楼梯存放质量控制要点为：

（1）预制梯段板在存放、安装施工过程中及装配后应做好成品保护，成品保护可采取包、裹、盖、遮等有效措施。

（2）预制楼梯设置两个支点，应与吊点同位，支点高度应考虑起吊角度。带休息平台板的楼梯段宜首尾交替码放。楼梯码放不宜超过 5 层，如图 2-3（d）所示。

(a) 叠合板

(b) 阳台板

(c) 空调板

(d) 预制楼梯

图 2-3　水平构件存放示意

第3章　预制构件安装施工

3.1　工艺流程及施工准备

3.1.1　施工流程

纵肋叠合剪力墙体系施工工艺流程主要包括底部现浇层施工工艺流程、上部预制标准层施工工艺流程、现浇与预制转换层施工工艺流程。

该体系现浇层施工工艺流程与现浇剪力墙体系相关流程基本一致，不再详述；标准层、转换层施工工艺流程，因装配连接方式和纵肋空心墙板构造特点与广泛应用的套筒灌浆装配式剪力墙体系存在差异，其主要工艺环节、流程详如图3-1所示。

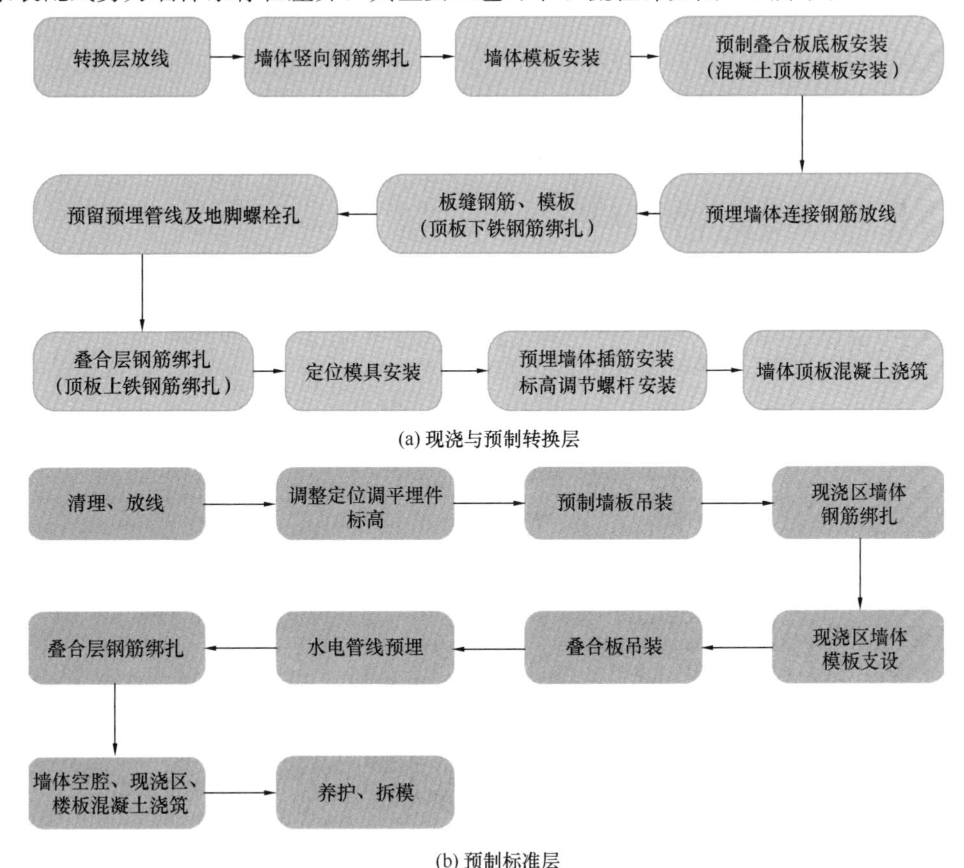

图3-1　纵肋叠合剪力墙工艺流程

3.1.2 施工准备概述

纵肋叠合剪力墙结构施工前，甲方应组织设计单位、施工单位、构件生产单位、监理单位对设计文件进行交底和会审；设计单位应与构件生产单位、施工单位协同配合进行构件拆分和深化设计，优化形成构件加工图，设计文件应经三方共同认可；施工单位应编制装配式结构专项施工方案，进行技术交底、人员培训，开展进场验收、吊装资源配置，完成纵肋空心墙板构件试安装工艺试验。

装配式结构项目施工方案应结合设计、生产、装配进行一体化整体策划，协同建筑、结构、机电、装饰装修等专业要求进行制订：装配式结构项目施工方案应包括工程概况、编制依据、进度计划、施工场地布置、预制构件运输与存放、安装与连接施工、验收及成品保护、绿色施工、安全管理、质量管理、信息化管理、应急预案、疫情防控、计算书等内容。对危险性较大分部分项工程专项施工方案应经专家论证通过后进行施工。

施工单位应按照装配式结构施工特点和要求，对管理人员、安装人员进行专项培训，并对塔吊作业人员和施工操作人员进行吊装前的安全技术交底。施工现场从事特种作业的人员应取得相应的资格证书后才能上岗作业。

预制构件、安装用材料、配件等应按国家标准《混凝土结构工程施工质量验收规范》(GB 50204—2015)[39]、《装配式混凝土结构技术规程》(JGJ 1—2014)[40]等相关标准、产品应用技术手册等相关规定进行进场验收，严禁使用未经验收或验收不合格的产品。其中构件生产单位应提供预制构件出厂合格证及相关质量证明文件，并对每个构件进行唯一编号，设置安装方向标识，方便现场存放、检查、验收、吊装顺序的控制。

3.1.3 预制构件预留预埋及策划

预制构件需满足建筑、机电、给排水、精装等专业的建筑使用功能类预留、预埋要求，还需满足生产、运输、施工安装工艺预留、预埋要求，同时需设置预留企口等，提高安装质量，故预留预埋设计是预制构件深化设计的核心内容，以装配式住宅为例，预留预埋主要项目见表 3-1。

表 3-1 纵肋结构体系预制构件预留预埋主要项目

项目	主要内容
使用功能类预留、预埋	1. 建筑专业预留洞：空调冷媒管预留洞、空调冷凝水立管预留洞、空调板地漏预留洞、雨水立管预留洞、燃气排烟预留洞、厨房排烟预留洞、烟风道预留洞、燃气立管预留洞等 2. 建筑专业预埋件：窗户栏杆预埋件、空调栏杆和百叶预埋件、门窗安装预埋件、预制楼梯栏杆等 3. 机电专业预留预埋：照明线盒、开关、高位插座等电位线盒、防雷埋件、烟感、红外幕帘等 4. 给排水专业预留预埋：厨房排水立管预留洞、卫生间排水和通气立管预留洞、卫生间地漏、便器、洗手盆非同层排水预留洞、太阳能供回水管预留洞、中水模块预留、给水管预留槽等

续表

项目	主要内容
施工安装用预留、预埋	各类构件吊点、墙板临时支撑地脚螺栓和墙体预埋螺栓、现浇段模板预埋件、塔吊附着预留孔洞、外防护架安装预留预埋
质量控制用预留	放线预留孔洞、各类板件施工企口

使用功能类预留预埋类型、规格较多，应结合具体建筑使用要求和相关专业规定，进行专项设计，此处不再论述。

施工安装用预留预埋将结合具体工艺在后续章节详述。

质量控制用预留具体构造规定为：

（1）施工企口

为保证相邻纵肋空心墙板间现浇混凝土节点施工质量和叠合板板缝间现浇板带施工质量，墙板和叠合板深化设计时，墙板应在两侧部位设置3～5mm深的施工企口，叠合板应在底部板带部位设置3～5mm深的施工企口。企口宽度根据现浇节点的设计宽度及模板尺寸确定，不宜超过50mm，如图3-2所示。

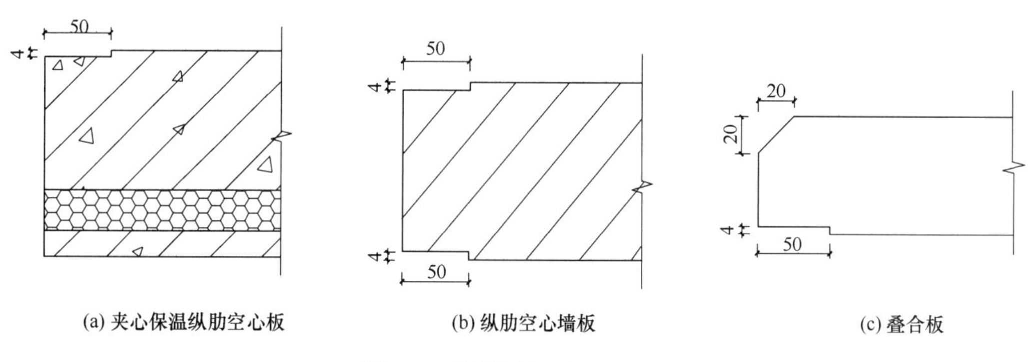

图3-2　预制构件预留施工企口

（2）放线预留孔洞

为精准传递各楼层平面控制线，应根据楼板特点和测控要求，在叠合板死角预留放线孔洞。预留孔洞原则上不破坏叠合板内钢筋，尺寸控制在100mm×100mm以内，中心点距离两侧墙边宜为整数，如500mm或1000mm等。

3.1.4　预制构件施工验算

纵肋叠合剪力墙施工前，预制构件应按国家标准《混凝土结构设计规范》（GB 50010—2010）[41]、现行标准《装配式混凝土结构技术规程》（JGJ 1—2014）有关规定进行施工验算。

验算时，应采用等效静力荷载进行受力分析：

（1）预制构件在吊运、运输、安装等环节的施工验算时，应将构件自重标准值乘以动力系数作为等效静力荷载标准值：吊运、运输时，动力系数宜取1.5；构件翻转及安装过程中就位、临时固定时，动力系数可取1.2。

（2）预制构脱模验算时，等效静力荷载标准值应取构件自重标准值乘以动力系数后与脱模吸附力之和，且不宜小于构件自重标准值的 1.5 倍。动力系数不宜小于 1.2，脱模吸附力应根据构件和模具的实际情况取用，且不宜小于 1.5kN/m^2。

预制构件施工验算的主要内容为：

（1）混凝土构件正截面边缘法向压应力应满足：

$$\sigma_{cc} \leqslant 0.8 f_{ck} \tag{3-1}$$

式中 σ_{cc}——各施工环节在荷载标准组合作用下产生的构件正截面边缘混凝土法向压应力；

f_{ck}——与各施工环节的混凝土立方体抗压强度相应的抗压强度标准值。

（2）混凝土构件正截面边缘法向拉应力应满足：

$$\sigma_{ct} \leqslant 1.0 f_{tk} \tag{3-2}$$

式中 σ_{ct}——各施工环节在荷载标准组合作用下产生的构件正截面边缘混凝土法向拉应力，应按开裂截面计算；

f_{tk}——与各施工环节的混凝土立方体抗压强度相应的抗拉强度标准值。

（3）施工过程中允许出现裂缝的混凝土构件，开裂截面处钢筋的拉应力应满足：

$$\sigma_{s} \leqslant 0.7 f_{yk} \tag{3-3}$$

式中 σ_{s}——各施工环节在荷载标准组合作用下的受拉钢筋应力；

f_{yk}——受拉钢筋强度标准值。

（1）叠合板、叠合梁等受弯构件尚应符合国家标准《混凝土结构设计规范》（GB 50010—2010）的有关规定。在叠合板施工阶段验算中，施工活荷载标准值可按实际情况计算，且不宜小于 1.5kN/m^2。

（2）对于叠合楼板底板的施工验算，应满足国家标准《混凝土结构设计规范》（GB 50010—2010）中 4.3 节对模板的相关要求，按施工各阶段标准荷载组合下的短期刚度进行裂缝和挠度验算。

3.1.5 吊装机具、吊点设置及安全措施

3.1.5.1 模数化吊梁机具

装配式建筑工程中常用吊梁主要包括：（1）耳板型吊梁；（2）吊孔型吊梁，如图 3-3 所示。前者主要采用 H 型钢，在其符合模数规律的固定位置设置耳板，通过焊接形成整体吊梁；后者采用带模数化的多个圆孔的竖向矩形钢板，在其面外添加双槽钢形成整体吊梁。后者吊点调节灵活、与各类预制构件匹配性强，施工方便，应用更广泛。

目前，中小型预制墙板基本采用两点吊装，大型预制墙板需采用四点吊装。

两点吊装一般按照墙体重心线两侧等距原则布置吊点，实现两个吊点受力相同。在满足该原则的多种布置方案中，等弯矩布置方案可使预制墙体按照等代梁模型计算时吊点弯矩与跨中弯矩相同，实现受力优化。四点吊装在不采用滑轮组的常规情况下，可按照吊点等力和吊点等距两种方式布置吊点，实现布置优化。各吊点位置详见表 3-2。

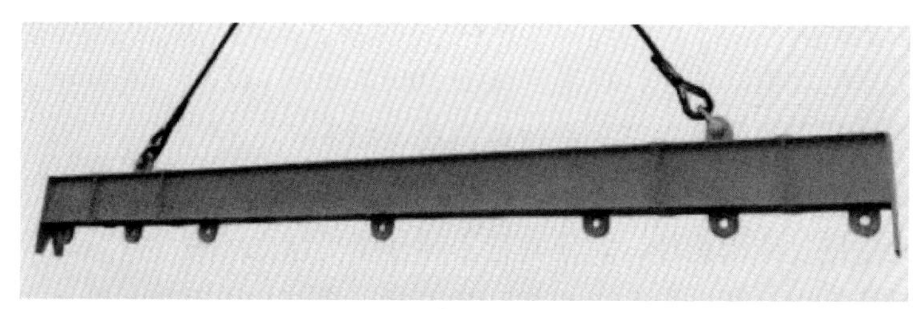

(a) 耳板型吊梁

(b) 吊孔型吊梁

图 3-3 吊梁实物

表 3-2 吊点位置及吊点力

吊点数	布置类型	吊点位置	
		l_1/l_w	l_2/l_w
2点	等弯矩	0.21	0.58
4点	等弯矩	0.095	0.27
	等距离	0.125	0.25

注：l_1、l_2为边跨、中跨长度；l_w为构件长度。

因考虑受力因素差别，吊梁计算模型可分为3类：轴压杆件模型、单向压弯杆件模型和双向压弯杆件模型。从安全角度考虑，吊梁宜采用双向压弯受力模型进行设计。同时吊梁受力约束少，冗余度低，与普通钢结构构件设计不同，需要考虑安全系数K。根据相关文献建议，宜取$K \geqslant 5.0$。

基于国标《钢结构设计标准》(GB 50017—2017)[42]，吊梁双向压弯受力计算公式为：

1）抗弯强度

$$\frac{N}{A_n} \pm \frac{M_x}{W_{nx}} \pm \frac{M_y}{W_{ny}} \leqslant \frac{f}{K} \tag{3-4}$$

2）平面内稳定

$$\frac{N}{\varphi_x A} \pm \frac{M_x}{W_x\left(1-0.8\frac{N}{N'_{Ex}}\right)} + \frac{M_y}{\varphi_{by} W_y} \leqslant \frac{f}{K} \tag{3-5}$$

$$N'_{Ex} = \pi^2 EA/(1.1\lambda_x^2)$$

3）平面外稳定

$$\frac{N}{\varphi_y A} + \frac{M_y}{W_y\left(1-0.8\frac{N}{N'_{Ey}}\right)} + \eta\frac{M_x}{\varphi_{bx} W_x} \leqslant \frac{f}{K} \tag{3-6}$$

$$N'_{Ey}=\pi^2 EA/(1.1\lambda_y^2)$$

式中各参数含义详见《钢结构设计标准》(GB 50017—2017)。

针对吊梁特点，上述公式中部分参数取值建议如下：

(1) 计算长度与上下吊点的设置有关，为方便计算，偏安全取吊梁长度为计算长度；

(2) 因吊梁是反复使用构件，宜使其处于弹性受力状态，故塑性发展系数 γ 取 1.0；

(3) 因吊梁约束少，从安全角度考虑，各工况下弯矩分布系数均取 1.0；

(4) 因该类型截面不是简单的箱型截面，而是带悬挑端的箱型截面，从安全角度考虑，η 宜按非箱型截面设计，取 1.0。

同时，吊梁可采用单梁吊车挠度允许值规定进行挠度验算。

$$\frac{v}{l_b}\leqslant\frac{1}{500} \tag{3-7}$$

式中，v 为钢梁跨中挠度，l_b 为吊梁长度。

3.1.5.2 吊点埋件及绳索

纵肋空心墙板吊点有两种形式：一种是在墙顶预埋吊环，另一种是预埋专用吊钉，配合鸭嘴扣与钢丝绳相连。两者均应根据墙板质量、长度、形状以及重心位置，通过受力分析，合理确定吊点的数量和位置，不宜少于 2 个，宜设置在墙板顶部且满足墙厚中部位置，并距离墙端部不宜超过 1m。

叠合板吊点设置有两种形式：一种是在板中预埋吊环，另一种是直接在桁架钢筋上设置吊点，用卸扣固定。后者整体性较好，较为常用。吊点位置应通过受力分析确定，且对称分布，保证叠合板吊装阶段受力均匀、姿态平稳。根据工程经验，长、宽均小于 4000mm 的叠合板可设置 4 个吊点；尺寸大于 4000mm 的叠合板可设置 6～8 个吊点。

预制楼梯为斜构件，吊装时用长短钢丝绳 4 点水平吊装。吊点一般采用吊钉，用卸扣、吊爪与楼梯预埋吊点可靠连接，具体位置应通过受力计算确定，宜设置在梯段两侧 1/3 的区间范围内，不宜过于靠近梯段两边。

阳台板与空调板吊点与叠合板吊点的预埋设计相似。

吊索一般采用直径为 21.5 (6×37 钢丝，绳芯 1) 的钢丝绳。

吊点埋件及吊装绳索如图 3-4 所示。

构件预埋吊点施工验算应满足国标《混凝土结构工程施工规范》(GB 50666—2011)[43]

(a) 鸭嘴扣及吊钉

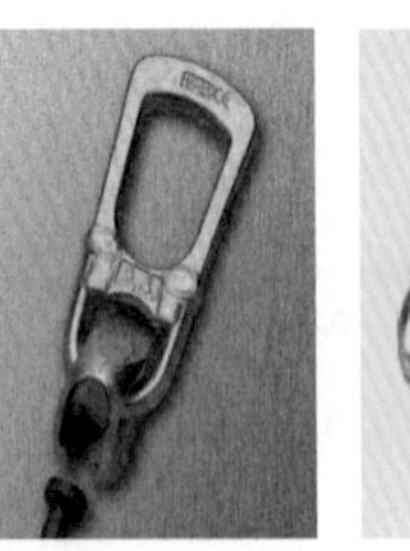

(b) 卸扣

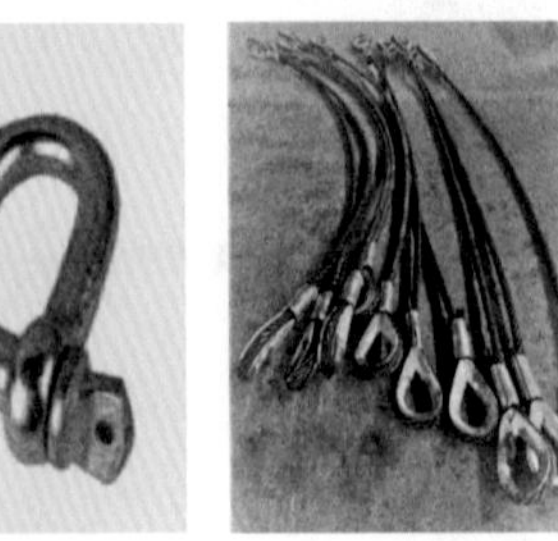

(c) 吊索

图 3-4 吊点埋件及吊装绳索

相关规定，按下式计算：

$$K_c S_c \leqslant R_c \tag{3-8}$$

式中 K_c——施工安全系数，普通预埋吊件取 4，多用途的预埋吊件取 5；当有可靠经验时，可根据实际情况适当增减；对复杂或特殊情况，宜通过试验确定；

S_c——施工阶段荷载标准组合作用下的效应值，可安装国标《混凝土结构工程施工规范》（GB 50666—2011）[43]附录 A 及 9.2.3 规定取值；

R_c——根据国家现行相关标准并按材料强度标准值计算或根据试验确定的预埋吊件承载力。

3.1.5.3　吊装顺序及安全措施

纵肋叠合剪力墙结构预制构件吊装顺序：外墙→内墙→顶板叠合板→阳台板→空调板→楼梯板。

吊装时，吊索水平向夹角宜不小于 60°，应不小于 45°，有条件时，宜与水平向垂直，如图 3-5 所示。

(a) 墙板吊装

(b) 叠合板吊装

(c) 楼梯吊装

图 3-5 预制构件吊装示意

吊装前应有试吊动作，将构件吊离地面 50cm 左右后，悬停数秒。检查吊钩位置、吊具及构件重心是否在竖直方向重合，且各起吊点是否受力均匀；异型构件吊装时要缓慢起吊，并进行悬停观察，检查吊具连接是否牢固、构件是否倾斜，无误后进行后续作业。

吊运过程应平稳，不应有大幅度摆动，且不应长时间悬停；应设专人指挥（信号工），操作人员应位于安全位置；应拉设警戒标志，禁止无关人员穿插施工区域，操作人员在信号工视线内；5 级风以上时应停止吊装。

3.1.5.4 施工前工艺检验

施工前的预制墙板构件试安装和空腔内混凝土浇筑工艺检验应符合下列规定，合格后方可施工：

（1）应选取实际工程中应用的代表性墙板进行工艺检验，数量不少于 2 个；

（2）墙板构件应按实际工程情况进行安装，且混凝土浇筑应符合设计文件的规定；

（3）应留置现浇混凝土的同条件养护试件和 28d 标准养护试件；

（4）墙板构件底部接缝应进行外观质量检测；空腔内纵向钢筋搭接区域内混凝土成型质量检验应符合《混凝土结构工程施工质量验收规范》（GB 50204—2015）[39] 的有关规定；

（5）墙板底部接缝外观质量和空腔内纵向钢筋搭接区域混凝土成型质量检测合格时，工艺检验可判为合格；

（6）当工艺检验不合格时，应修改、完善施工工艺并按本小节（1）～（4）要求再次进行检验；

同一项目中由相同施工单位施工的多个单位工程，工艺检验可合并进行。

3.2 转换层施工

转化层施工是影响后续工程进度和质量的重要环节，核心工艺为现浇墙体与预制墙板间连接节点成型质量控制，主要包括预埋竖向插筋定位与标高控制、墙体标高调节螺杆位置及标高控制，工艺流程如图 3-1 所示。

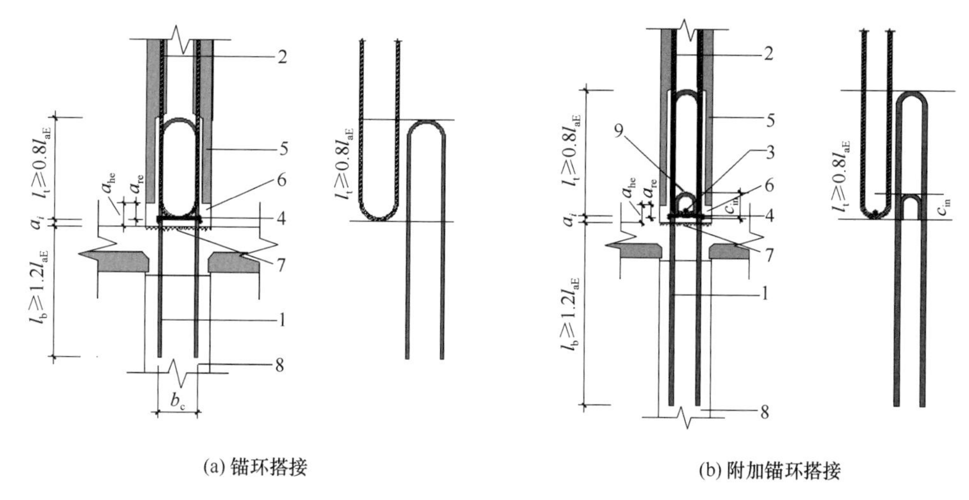

图 3-6　转换层典型连接节点示意

1—预埋插筋；2—预制墙体竖向钢筋；3—加强筋；4—底部水平缝附加钢筋；
5—上层预制墙体；6—底部水平接缝；7—粗糙面；8—下层现浇墙体；9—附加锚环

3. 2. 1　转换层连接节点构造及设计

为实现该节点构造，现浇转换层应设置预埋竖向插筋，底部水平缝附加钢筋，并在墙顶设置粗糙面。

预埋竖向插筋设计主要包括构型、长度、水平位置等方面：

（1）不同直径竖向钢筋应依据河北省地方标准《装配式纵肋叠合混凝土剪力墙结构技术标准》（DB13（J）/T 8418—2021）[35]和中国工程标准化协会标准《纵肋叠合混凝土剪力墙结构技术规程》（T/CECS 793—2020）[36]相关规定，采用不同的节点构造，其中常用环锚连接节点如图 3-6所示。

（2）总长度应满足上部与预制墙体竖向钢筋搭接长度 l_t 和下部与现浇墙体的锚固长度 l_p，具体取值见表 3-3。

表 3-3　预埋插筋关键长度值　mm

（a）l_t+l_p

钢筋直径	抗震等级	混凝土强度等级				
		C30	C35	C40	C45	C50
10	一、二级	800	740	660	640	620
	三级	740	680	600	580	560
	四级，非抗震	700	640	580	560	540
12	一、二级	960	888	792	768	744
	三级	888	816	720	696	672
	四级，非抗震	840	768	696	672	648
14	一、二级	1232	1134	1022	980	952
	三级	1134	1050	924	896	868
	四级，非抗震	1078	980	896	868	826

续表

(a) $l_t + l_p$

钢筋直径	抗震等级	混凝土强度等级				
		C30	C35	C40	C45	C50
16	一、二级	1408	1296	1168	1120	1088
	三级	1296	1200	1056	1024	992
	四级，非抗震	1232	1120	1024	992	944
18	一、二级	1440	1332	1188	1152	1116
	三级	1332	1224	1080	1044	1008
	四级，非抗震	1260	1152	1044	1008	972

(b) l_p

钢筋直径	抗震等级	混凝土强度等级				
		C30	C35	C40	C45	C50
10	一、二级	320	300	260	260	250
	三级	300	270	240	230	220
	四级，非抗震	280	260	230	220	220
12	一、二级	384	360	312	312	300
	三级	360	324	288	276	264
	四级，非抗震	336	312	276	264	264
14	一、二级	560	518	462	448	434
	三级	518	476	420	406	392
	四级，非抗震	490	448	406	392	378
16	一、二级	640	592	528	512	496
	三级	592	544	480	464	448
	四级，非抗震	560	512	464	448	432
18	一、二级	576	540	468	468	450
	三级	540	486	432	414	396
	四级，非抗震	504	468	414	396	396

同时还应考虑水平接缝高度 a_{he} 和预制墙体竖向钢筋底部外伸长度 a_{re}，前者一般为50～70mm，后者一般为30～50mm，两者差值一般在20mm左右，避免降低搭接长度。

(3) 为防止同一水平位置的上下钢筋碰撞，预制墙体竖向钢筋下部设计了移位调整构造，偏移量一般为20～30mm，可满足搭接钢筋净距≤4d的规定，故预埋插筋照设计要求的位置布置，不需调整。

3.2.2 定位模具设计

插筋定位模具宜采用不易变形、周转率高的钢模具，设置插筋槽、混凝土浇筑孔，因竖向钢筋连接方式与套筒灌浆连接存在差别，不应沿用套筒灌浆体系转换层定位模板，应进行定位模板专项设计，如图3-7所示。

目前，实际项目使用的定位模具有两种：

(1) 一字插筋槽定位模具采用了方钢焊接钢板的轻量化构型、设置了一字插筋槽、大孔径浇筑孔和预制墙板调高螺杆预留孔等功能构造。

(2) U形插筋槽定位模具是为提高插筋定位精度、模板刚度，对一字长槽定位模具优化设计形成的新构型。该模具采用了20mm×40mm方钢上下两面均焊接双层1.5mm

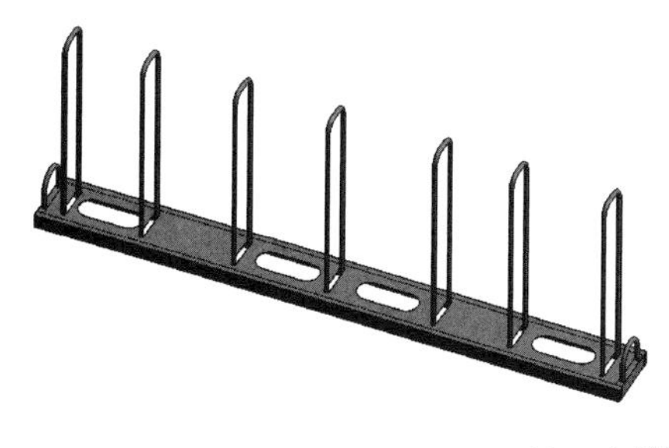

(a) 一字插筋槽定位模具

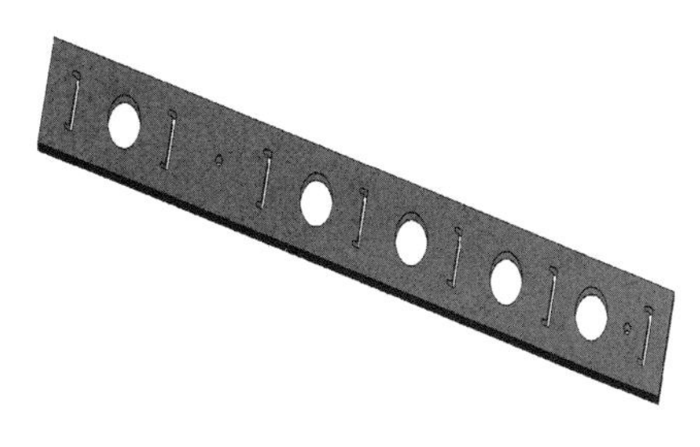

(b) U形插筋槽定位模具

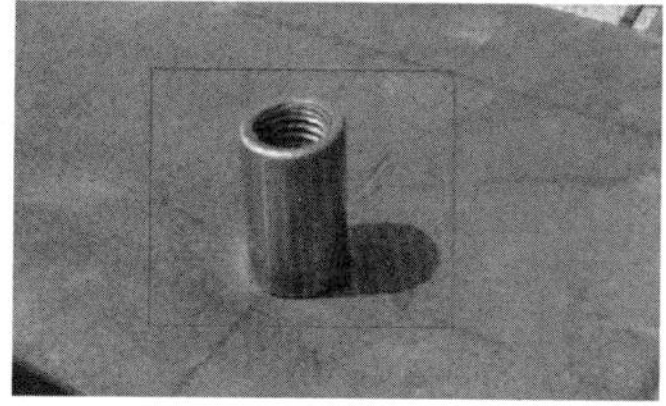

(c) 套筒灌浆用转换层定位模具

图 3-7 插筋定位模具

厚钢板的轻量化构型，设置了U形插筋槽、大孔径浇筑孔和预制墙板调高螺杆预留孔等功能构造，模具孔直径＝钢筋直径（d）＋2mm，插筋槽尺寸、位置误差不大于1mm。

3.2.3 转换层施工安装工艺

如图3-8所示，转换层施工安装工艺流程为：定位模具安装→预埋插筋安装及墙体调高螺杆安装→混凝土浇筑。

定位模具安装工艺要点为：

（1）测量放线，精确定位模具位置；

（2）按照设计要求和测量线安装定位模具，并设置限位措施：在定位模具底部和侧面支设水平限位竖向钢筋和高度限位水平钢筋，两钢筋垂直紧贴定位模具点焊固定成整体，再附加一根钢筋，形成三角形稳定结构，可以有效防止定位钢板沿垂直或者水平方向移动；

（3）定位模具安装完成后，进行调整、检验，保证安装精度。

预埋插筋安装及墙体调高螺杆安装主要技术内容为：

(a) 定位模具安装

(b) 预埋插筋安装

(c) 墙体调高螺杆安装

(d) 混凝土浇筑

图 3-8 转换层施工安装工艺示意

（1）在定位模具上设置两根插筋竖向位置控制钢筋；

（2）在定位模具插筋槽中逐一放置插筋。当采用 U 形插槽定位模板时，插筋先放置在 U 形槽里，后借助外力可使插筋卡到小 U 形槽的端部，可有效地控制钢筋在混凝土浇筑、振捣，施工设备移动引起的局部插筋水平位移、下沉；

（3）待外露长度满足设计要求后，安装顶部竖向位置控制钢筋，并有效绑扎，防止插筋位移、下沉；

（4）在定位模具预留孔中安装墙体调高螺杆，并与提前预留的附加钢筋电焊固定；

（5）混凝土浇筑前，进行插筋、调平螺杆安装精度检查，及时调整、纠偏。

混凝土浇筑工艺控制要点为：

（1）均匀浇筑，并逐一振捣密实，振捣时应避免振捣棒直接磕碰预埋插筋；

（2）混凝土浇筑后和终凝前，进行插筋、调高螺杆等第二次精度检查，及时调整修正，确保钢筋位置准确；

（3）混凝土终凝后，拆除定位钢板和插筋的顶部附加钢筋。

3.3 预制空心墙板安装施工

纵肋空心墙板（空心墙板和夹心保温纵肋空心墙板）的装配安装流程如图 3-9 所示，核心工艺如下：

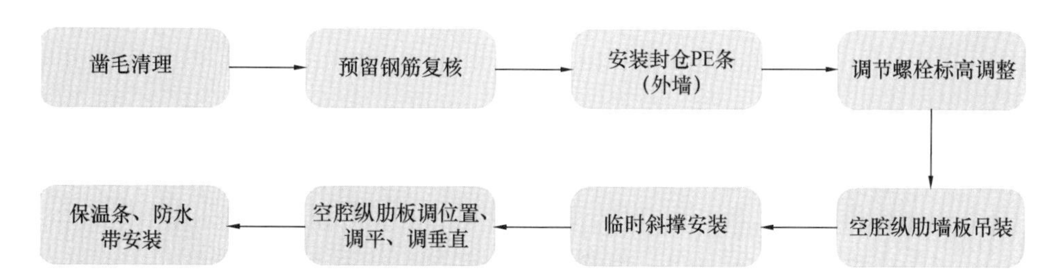

图 3-9　预制墙板安装流程

3.3.1　吊装前施工工艺

吊装前施工工艺主要包括凿毛清理、预留连接钢筋复核调整、外墙保温边封仓、墙板标高调节等工艺，如图 3-10 所示。

(d) 安装附加箍筋和接缝起步筋

(e) 清理钢筋浮浆

(f) 墙板保温层封仓

(g) 高度调节

图 3-10　纵肋空心墙板吊装前施工工艺

墙顶粗糙面成型的凿毛清理工艺控制要点为：

（1）安装前，测量放线，如图3-10（a）所示，包括墙板边线及控制线、门窗洞口线、标高控制线等测控线，作为构件安装依据，验收合格后进行墙体底部结合面凿毛工艺；

（2）剔凿前按照墙体边线切割边界，再采用凿毛机具，对本层墙板底部接触的楼板表面进行凿毛，凿毛控制深度不小于10mm，如图3-10（b）所示；

（3）凿毛后，用钢丝刷或水冲清理凿毛部位，去除杂物。

凿毛清理后，预留连接钢筋复核调整工艺内容为：

（1）复核预留钢筋位置，进行微调钢筋，保证钢筋位置与上部纵肋叠合剪力墙空腔内钢筋精确对应，如图3-10（c）所示；

（2）与套筒灌浆连接预制墙板安装不同，纵肋空心墙板底部水平接缝处需要安装底部附加箍筋和接缝起步筋，满足节点构造要求，如图3-10（d）所示。

（3）清理钢筋浮浆如图3-10（e）所示。

（4）对于夹心保温纵肋空心墙板（外墙），安装前，应进行保温侧边封仓，如图3-10（f）所示，具体操作要求为：在外墙保温处安装PE保温条并钢钉固定，钢钉间隔不宜大于15cm，并“梅花形”布置，保温条接口宜45°斜切处理，提高固定可靠程度，防止漏浆污染墙面。

上述工艺完成后，使用水准仪抄测进行标高调节。传统的坐浆料垫块加钢垫片高标调节时，垫片易发生移位、倾斜，精度不佳，故纵肋空心墙板设置了高度调节螺栓，通过螺栓配套螺母精确调节，实现螺母顶标高满足设计要求，如图3-10（g）所示。

3.3.2　纵肋空心墙板装配安装

如图3-11所示，纵肋空心墙板装配安装工艺主要技术要点为：

（1）按照3.1.5节内容，确定吊装方案，进行安装吊运，应缓慢起吊，均匀、平稳吊运，避免墙板倾斜吊运，降低安全风险。

（2）墙板吊至下层墙板预留竖向钢筋顶部20cm左右位置停顿，微调构件，让下层墙板预留竖向钢筋与本层墙板空腔键槽逐一对应，再缓慢下落。同时，根据墙板控制线随时调整构件下落位置。因墙板构件落下完成后，纵向位置不宜调整，应严格控制纵向位置，保证位置精准。

（3）下落就位时，应保证标高螺母支撑在墙板预埋的配套钢片处，避免螺母直接支撑混凝土底面，引起局部受压损伤。

3.3.3　纵肋空心墙板临时固定

纵肋空心墙板安装就位后，需要设置临时斜支撑，进行临时固定。

斜支撑由可调节长度的支撑杆、操作柄以及两端U形连接件和螺栓构成，其工作原理为：支撑杆采用内设置螺纹钢管和端部螺杆，通过操作柄旋转，调节螺杆进入钢管深度，实现整体长度的变化调节。端部螺杆设置贯通孔，通过螺栓或销轴与U形连接件可

图 3-11　纵肋空心墙板吊装前施工工艺

靠连接。上端U形连接件则通过螺栓与纵肋空心墙板预埋螺母固定，下端U形连接件通过螺栓与叠合板楼板上预埋螺母固定，进而支撑墙板，将外力有效传递给楼板。

斜支撑布置基本原则为：

（1）每块墙板斜支撑不应少于两组，每组不少于上下两道，且应安装在纵肋处，不应设置在空腔处。某项目斜支撑实物与布置如图3-12所示。

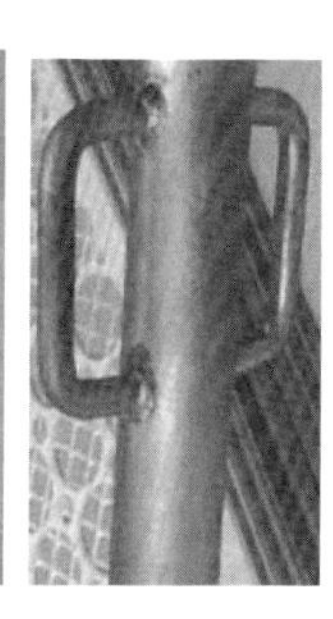

(a) 支撑实物和局部连接头、操作柄

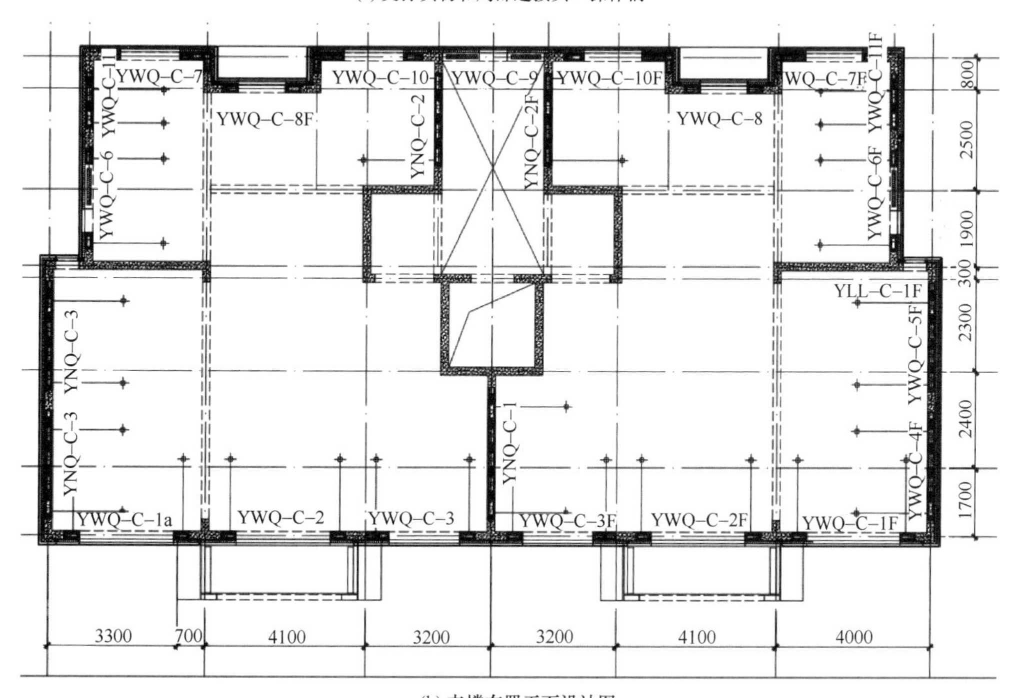

(b) 支撑布置平面设计图

图3-12　斜支撑实物及平面布置

（2）上部斜支撑长杆上支撑点距离墙体根部不宜小于墙体高度三分之二，且距构件边缘距离不应小于500mm，斜支撑长杆与楼板水平夹角宜为45°～60°。

（3）下部斜支撑支撑点距离墙体根部不宜大于500mm。因纵肋叠合剪力墙底部预留70mm接缝，明显高于灌浆套筒连接剪力墙底部20mm接缝，为有效保证纵肋空心墙板的安装稳定性和位置调整的操作便捷性，下部斜支撑支撑点在条件允许情况下，尽量贴近底部设置，保证水平角度不宜大于15°，如图3-13所示。

☑支撑角度≤15°

(a) 合理的下部斜支撑设置

☒支撑角度>15°

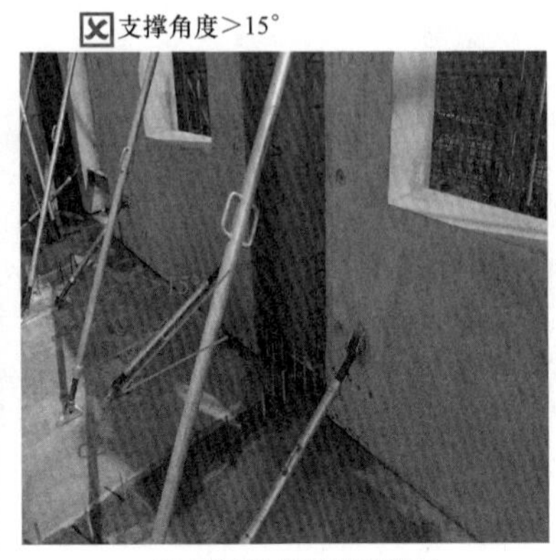

(b) 下部斜支撑设置偏高

图3-13　下部斜支撑建议设置方式

斜支撑宜根据墙板施工阶段风荷载受力工况，开展内力验算，进行选型。

斜支撑安装工艺如图3-14所示，技术要点为：

（1）先安装斜支撑上端U形件、螺栓，再安装斜支撑下端U形件、螺栓。

（2）斜支撑安装完成后，利用其可调节螺栓杆进行纵肋空心墙板垂直度初调，保证墙板基本垂直。

（3）墙板垂直度通过初步调整后，方可撤除吊装点。

（4）斜支撑在现浇墙体混凝土模板拆除前进行拆除。

3.3.4　纵肋空心墙板位置精确调整

斜支撑安装后，纵肋空心墙板应进行位置精确调整，宜按照“先调整平面位置，再调整标高，最后调整垂直”原则进行施工，调整完毕后，最终固定斜支撑。

调整环节控制要点如下：

（1）平面位置调整

横向水平位置调整：外墙板以外饰面与下部及两侧墙板交接缝平整为依据，按照“以外为主，内外兼顾”原则，利用下部斜支撑进行墙板调整。内墙板以墙板位置线为依据，采用相同方式进行调整。

纵向水平位置调整：以墙板端部位置线为依据，结合外墙接缝宽度，利用小型千斤顶进行微调。

（2）标高调整

在墙板纵肋处使用小型千斤顶顶起墙板，调整墙体底部标高调平螺母，直至墙板标高满足设计要求。

(a) 安装斜支撑墙面（上部）连接件

(b) 安装斜支撑地面（下部）连接件

(c) 固定支撑杆上部

(d) 固定支撑杆下部

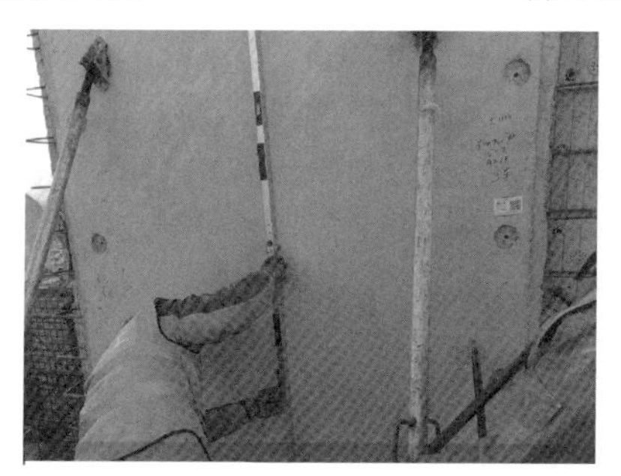
(e) 墙板初调

图 3-14　斜支撑安装示意

（3）垂直度调整

待平面位置、标高调节完毕后，用垂度测量仪器测量和上部斜撑调节柄，通过调整墙板顶部水平位移，控制其垂直度（图 3-15）。

(a) 位置调整及小型千斤顶

(b) 垂直度调整

图 3-15　纵肋空心墙板调整示意

为提高纵肋空心墙板精确定位效率，纵肋结构体系研发单位结合实际工程特点，配套开发了纵肋空心墙板六位一体定位调节器（简称调节器）。调节器由提手、旋转螺母、上层滑板、下层滑板组件构成，与专用小型千斤顶配合使用，可实现纵肋空心墙板平面四个方向、上下两个方向，共计六个方向的位置调整，具有设计轻巧、操作简便、快速高效的特点，如图 3-16 所示。

图 3-16　纵肋空心墙板六位一体定位调节器

该调节器操作流程如图 3-17 所示，主要操作要点如下：

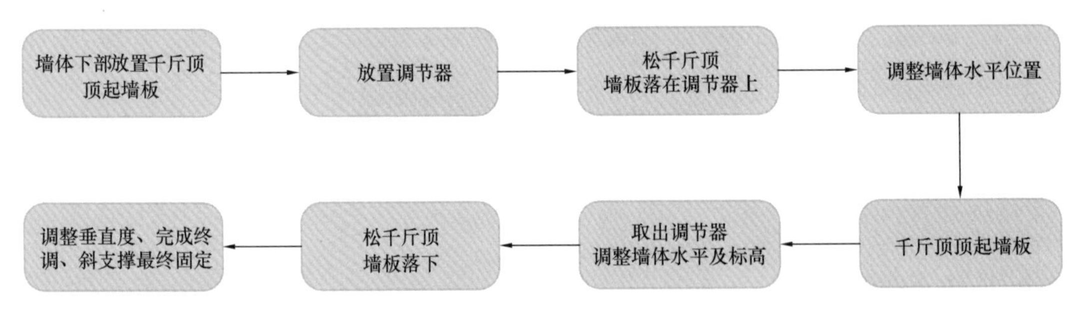

图 3-17　调节器操作步骤

（1）墙体下部放置千斤顶、顶起墙板

在墙体底部接缝内放置两个千斤顶，顶起墙板视下部边缘距离标高调节螺母约 1cm。

（2）放置调节器、下落墙板

在墙体底部接缝两侧各放置一个调节器。通过千斤顶控制墙板落于调节器上层滑板上。

（3）调整墙体水平位置

调整下部斜支撑长度，调节器上下层滑板发生位移，调整墙体横向位置；利用配套扳手（M30 棘轮扳手）转动旋转螺母，调整墙体纵向位置，直至符合要求。

（4）撤出调节器，调整墙体标高

因墙板高度、垂直度调节不使用调节器，故操作千斤顶，起升墙板，距离调节器约

1cm，取出调节器。

取出调节器后，旋转调高螺母调节墙体标高，符合设计要求，进而卸载千斤顶，下落墙板至调平螺母上。

（5）调整垂直度、完成终调、斜支撑最终固定

实际施工中，调节器操作示意如图 3-18 所示。

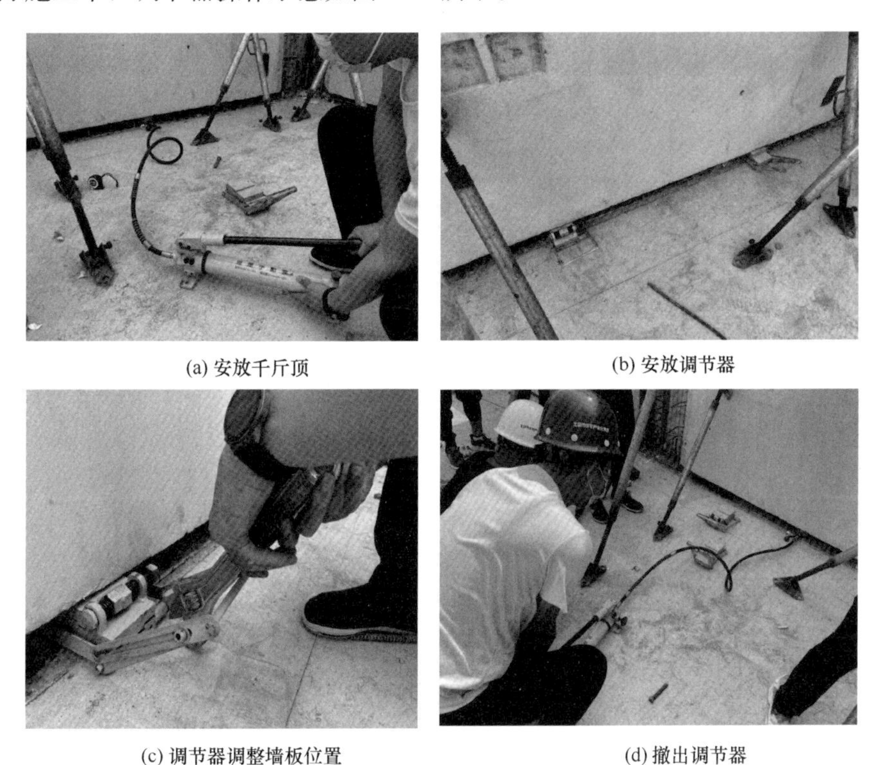

(a) 安放千斤顶　(b) 安放调节器

(c) 调节器调整墙板位置　(d) 撤出调节器

图 3-18　调节器操作示意

3.4　纵肋空心墙板连接节点施工

各块纵肋空心墙板通过竖向接缝和底部水平接缝连接形成完整的竖向墙体。竖向接缝功能需求多，工艺复杂，涉及保温材料施工、钢筋安装施工和模板施工；底部水平接缝则主要涉及模板封堵施工。

3.4.1　竖向接缝保温材料施工

纵肋空心墙板安装完成后，在两墙板的保温板竖向接缝处宜用保温岩棉等 A 级保温材料密实封堵，应用不低于墙板保温层材料防火等级和保温性能的保温材料连续封堵，避免出现冷桥。

在保温材料封堵完成后，在其面向内叶板方向，粘贴一层自粘型丁基胶防水带，可有效防止浇筑混凝土时破坏保温材料，污染外饰面。具体工艺如图 3-19 所示。

☑（正确） ☒（错误）

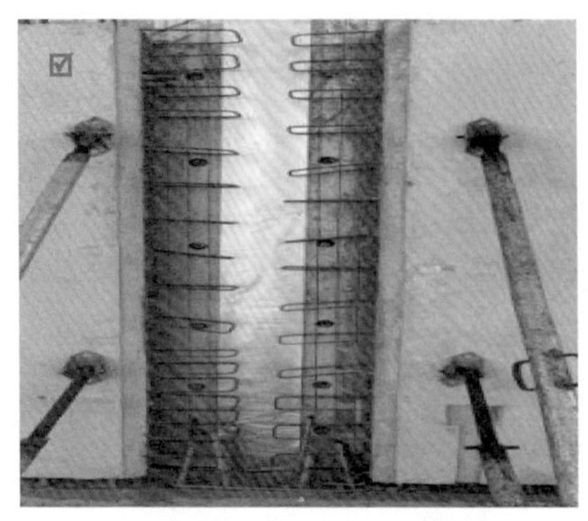

(a) 塞保温材料+粘贴防水带封堵

(b) 只塞保温材料封堵

图 3-19　竖向接缝保温材料安装

3.4.2　竖向接缝钢筋安装施工

竖向接缝需要安装环形箍筋和竖向钢筋（图 3-20），施工工艺流程为：墙体安装前放置第一道箍筋（附加箍筋）→墙体安装就位后，安放剩余箍筋→安装机械连接接头插入竖向受力钢筋→调节钢筋位置、绑扎→隐检、验收。

(a) 安装第一道箍筋

(b) 设置竖向钢筋顶部定位装置

☒ 钢筋偏差安装

(c) 绑扎箍筋和竖向钢筋

图 3-20　竖向接缝钢筋安装示意

技术要点为：

（1）水平箍筋安装

因纵肋结构体系节点构造设计要求，需要在纵肋空心墙板安装前先放置第一道现浇节点箍筋，纵肋空心墙板安装就位后再依次放置剩余现浇节点箍筋。

绑扎前，应在纵肋空心墙板上标识箍筋的位置，进行定位。

墙体竖向钢筋搭接区域内箍筋需加密。

（2）竖向钢筋安装

宜采用机械套筒连接，应符合行业标准《钢筋机械连接技术规程》（JGJ 107—2016）[44]的有关规定。机械连接接头的混凝土保护层厚度宜符合国家标准《混凝土结构设计规范》（GB 50010—2010）[41]中受力钢筋的混凝土保护层最小厚度的有关规定，且不得小于15mm；接头之间的横向净距不宜小于25mm。

箍筋安装完成后，先将竖向钢筋从上而下插入，再校正预留竖筋位置，最终将两者可靠连接。

楼层结构顶板混凝土浇筑前，竖向接缝的竖向钢筋应在其对应位置且高出楼层结构顶板上方100mm处，安装竖向钢筋定位装置，并固定牢固，确保绑扎板筋及浇筑顶板混凝土时墙筋根部不移位。

（3）绑扎成型

绑扎时，严格控制钢筋绑扎质量，保证纵肋空心墙板甩出筋与箍筋在一个水平面上，竖向钢筋与纵肋空心墙板甩出筋、箍筋绑扎固定形成一体。

3.4.3　竖向接缝模板选型设计与安装

纵肋空心墙板竖向接缝模板系统主要包括木模板系统、铝模板系统。现阶段，考虑成本、现场加工便捷性等因素，纵肋结构体系实际项目大多采用木模板系统。

常规木模板系统采用胶合板，钢管或木方构成的主次龙骨，通过设置穿过预制墙板预留孔的对拉螺栓，与两侧板面、龙骨固定，形成整体受力、围护系统。该模板体系根据墙板连接节点形式和功能施工需求可大体分为一字形、L形、T形，如图3-21所示。

当带饰面纵肋外墙板采用该模板系统时，需要预留贯通孔，导致外饰面破损，后期修补相对繁琐、复杂。因此纵肋结构体系研发团队针对带饰面纵肋外墙板，设计了预埋式拉结木模板系统，该系统在内叶板及外叶板内侧预留套筒或螺母，螺栓一端穿至套筒或螺母固定，另一端穿过内侧模板、龙骨固定。同时在现浇节点内增设穿墙套管，通过外叶板拼接立缝，实现内外侧模板的对拉加固（图3-22）。该新型模板系统设计要点与常规模板相同，不再赘述。

模板体系需要依据混凝土浇筑工况进行力学计算和专项设计。计算分析要点为：

（1）模板体系可按照主次梁楼盖模型分析计算，计算模型如图3-23所示。

（2）荷载组合：承载力验算时，采用新浇混凝土侧压力的永久荷载与倾倒混凝土时产生的活荷载基本组合的效应设计值；挠度验算时，采用新浇混凝土侧压力永久荷载标准值。

新浇混凝土侧压力标准值按下式计算，当浇筑速度不大于10m/h、坍落度不大于180mm时，用F_1；当浇筑速度大于10m/h、坍落度大于180mm时，用F_2：

$$F_1 = 0.28\gamma_c t_0 \beta \sqrt{V}$$

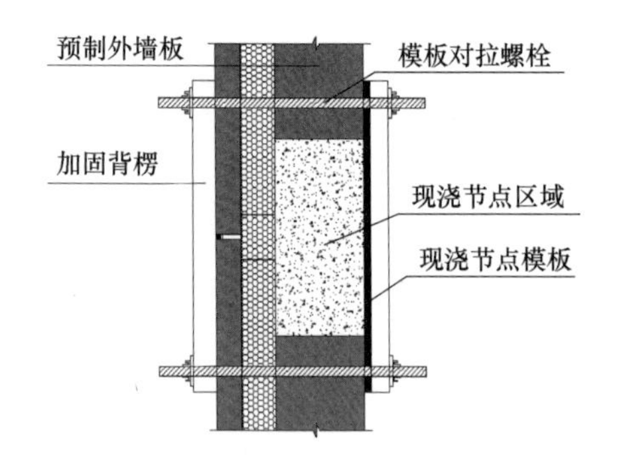

(a) 一字形节点模板（外墙板）

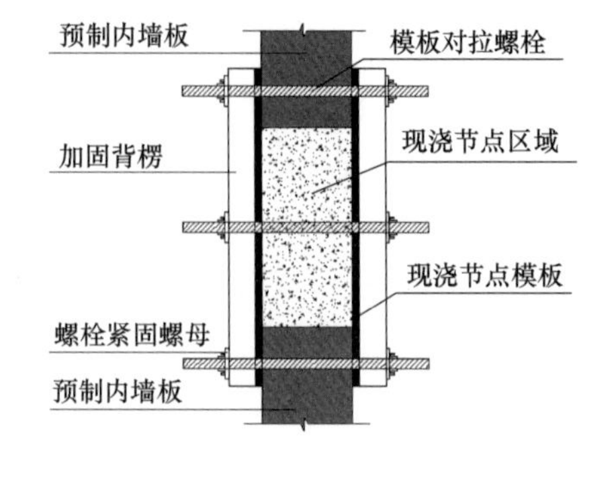

(b) 一字形节点模板（内墙板）

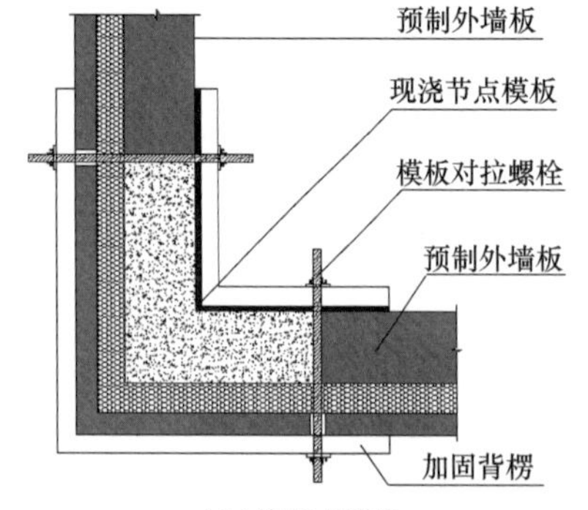

(c) L形节点模板

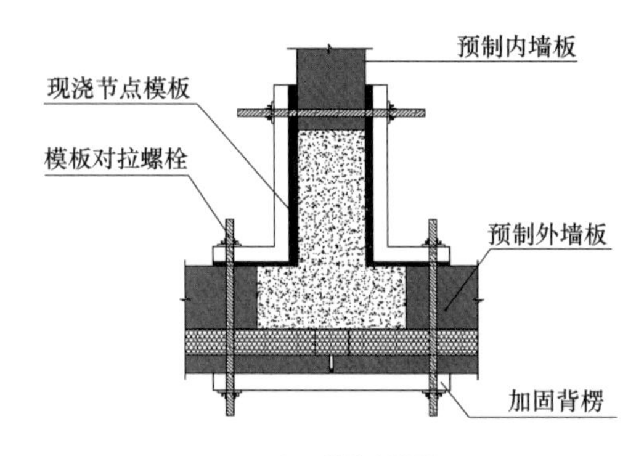

(d) T形节点模板

(e) 模板立面

图 3-21　常规木模板系统

$$F_2 = \gamma_c H \tag{3-9}$$

式中　γ_c——混凝土的重力密度，取 $24kN/m^3$；

t_0——新浇混凝土的初凝时间，无经验时，可取 $200/(T+15)$；

T——混凝土的入模温度，取 20℃；

V——混凝土的浇筑速度，取 2.500m/h；

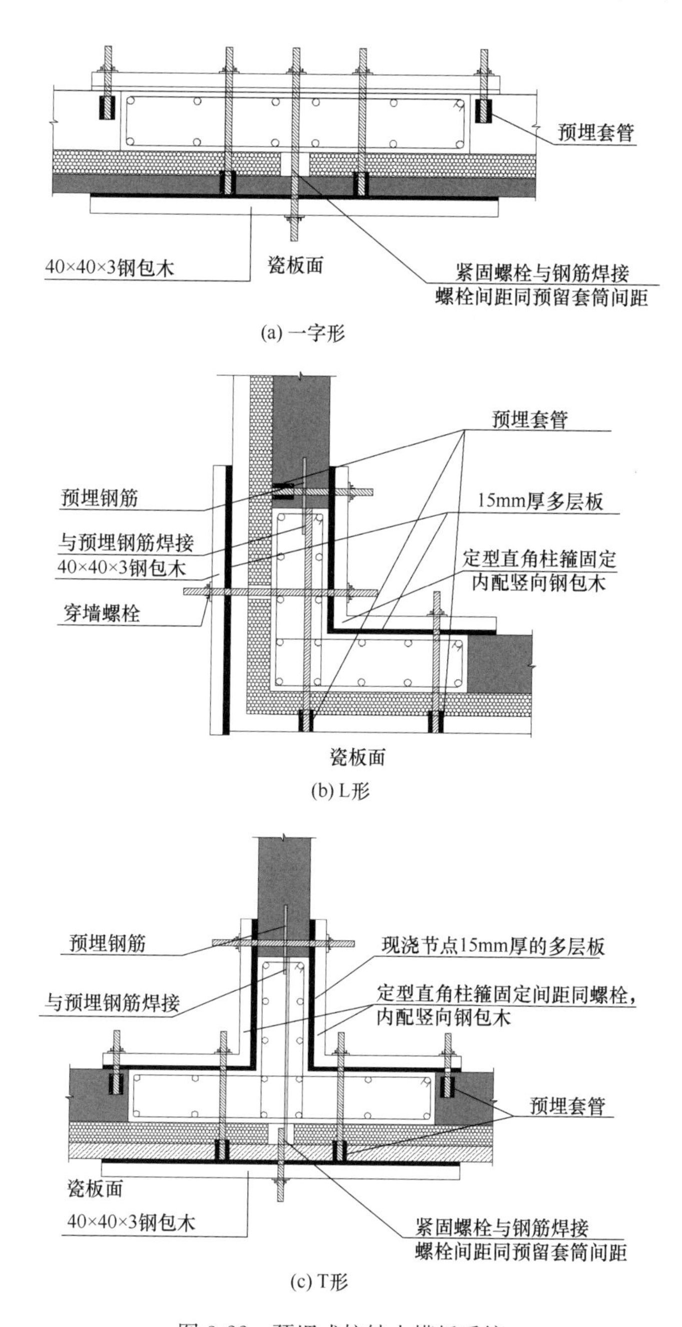

图 3-22　预埋式拉结木模板系统

H——混凝土侧压力计算位置处至新浇混凝土顶面总高度；

β——混凝土坍落度影响修正系数，取 0.850。

倾倒混凝土时产生的活荷载一般取 $4kN/m^2$。

(3) 依据计算模型和荷载进行内力验算，内容包括：模板承载力、变形验算；次龙骨承载力、变形验算；主龙骨承载力、变形验算；对拉螺栓承载力验算。某实际项目中模板内力分析如图 3-24 所示。

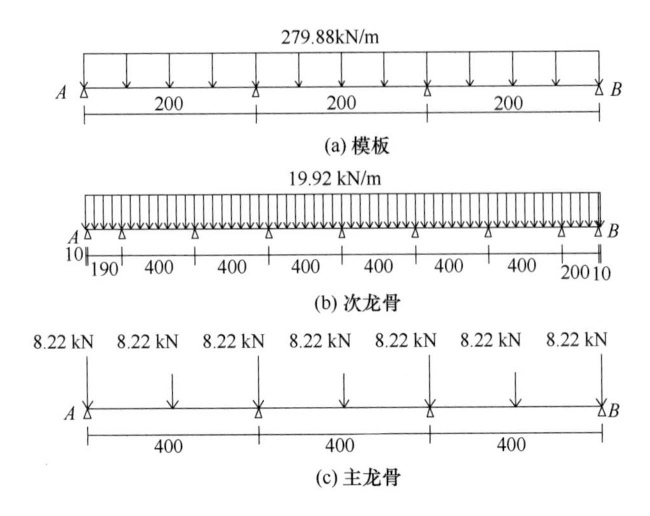

图 3-23 计算模型

以次龙骨间距 200mm，主龙骨间距 400mm，$F=72\text{kN/m}^2$ 绘制

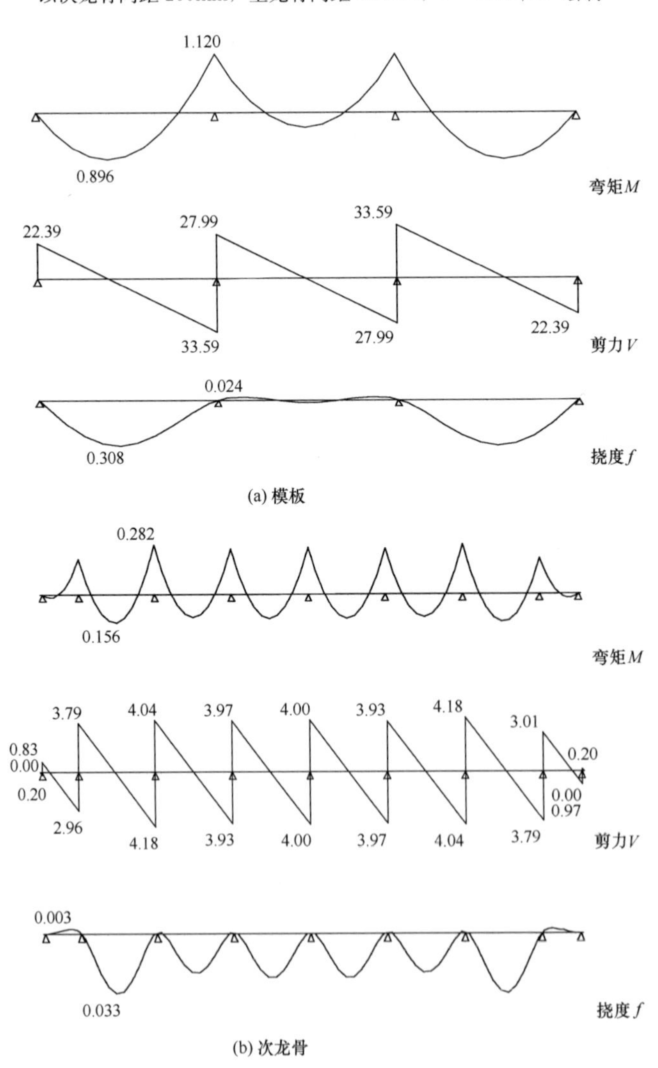

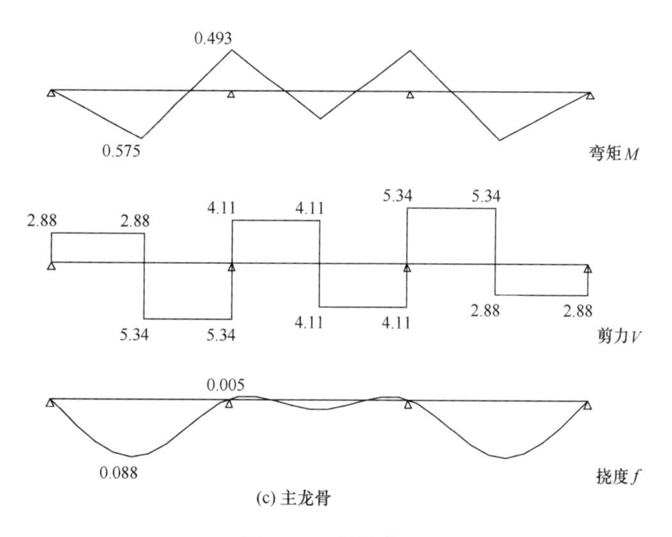

(c) 主龙骨

图3-24　计算模型

依据上述设计要点，某实际项目模板的具体情况为：从内向外依次为模板、次龙骨、主龙骨。模板采用15mm厚板木模拼接；竖向次龙骨50mm×50mm×3mm内塞木芯方钢或50mm×100mm木方，间距200mm，水平向主龙骨采用ϕ48.3mm×3.6mm双钢管或C形钢，间距匹配穿墙螺杆间距，一般为225mm/300mm/450mm/600mm。必要时，距地1400mm左右，设置斜向支撑加固。

竖向接缝模板施工安装、拆除工艺流程为：清理模板、刷脱模剂→安装模板→调整固定，自检→浇筑混凝土时木模板的复查维护→拆模→模板清理，其工艺要点如下。

(1) 模板清理。安装前，模板应无杂物污染划痕损伤，若有局部损伤，应修补平顺，保持清洁完整。脱模剂能有效减小后浇混凝土与模板间吸附力，且不影响脱模后混凝土表面的后期装饰。故应在模板面涂刷脱模剂，表面干燥后再行安装；涂刷应均匀，不得漏刷、流淌；雨淋后需要重新涂刷。

(2) 精确安装。各模板按照“先角模，再平模”“先外侧，再内侧”的原则编制安装方案，根据方案确定的安装顺序，依次安装就位，保证拼缝严密，方便后期拆除。

控制要点为：(a) 安装时，宜按照“先安装一侧模板，就位调整，放置主龙骨和对拉螺栓，再安装另一侧模板，就位调整，放置主龙骨，固定对拉螺栓”的工艺安装，如图3-25所示；(b) 吊装模板时，需妥善保护模板面和边角，防止损伤，不应使模板弯曲、碰撞；(c) 必要时，应设置临时支架和操作架，保证在安全、方便的条件下进行作业；(d) 精确调控模板的标高、水平位置和垂直度，符合设计要求；(e) 对拉螺栓应精确对位，禁止硬拉硬撬损伤模板，锁紧程度应基本一致，保证螺栓均匀受力，保证模板拼接处严密、牢固、可靠。

(3) 防漏浆措施。在模板下口抹砂浆找平层，并粘贴4mm厚海绵条，使模板压实，解决地面不平造成的混凝土浇筑时漏浆问题。模板与预制墙体凹槽内应设置防漏浆海绵条，防止接缝漏浆。

(4) 安全拆除。模板拆除宜按照“先支后拆、后支先拆，先拆非承重模板、后拆承重模板”的原则，进行拆除。

控制要点包括：(a) 常温施工时，墙体混凝土强度达到 1.2N/mm² 及以上，且能够保证其表面及棱角不因拆除而受损坏时，方可拆除模板；(b) 拆除模板时，禁止硬撬硬拆损伤混凝土结构和模板，不能对楼层形成冲击荷载；(c) 拆除的模板分散堆放并及时清运，方便下次使用，拆除的对拉螺栓等模板连接件、紧固件要及时清理归类，检查其完好程度，进行必要的校直、清洗，保证下次使用时，可靠连接，有效紧固（图 3-25）。

(a) 安装模板（含次龙骨）

(b) 安装主龙骨、固定对拉螺栓

图 3-25　模板安装

3.4.4　水平接缝封堵施工

纵肋结构体系与套筒灌浆连接剪力墙体系水平接缝高度存在明显差别，前者底部水平接缝高度为 50～70mm，后者水平接缝高度为 20mm，故采用不同的接缝封堵措施。

套筒灌浆连接剪力墙体系一般采用水泥砂浆分仓、封仓。纵肋结构体系则根据墙体类型、墙体部位，采用差异化的封堵工艺，如图 3-26 所示。

（1）预制内墙板。两侧均采用 12mm 厚竹胶板外附方木＋限位筋的方法，预先在顶板上预埋限位钢筋，间距 500～600mm，钢筋与木方之间用木楔等辅材固定紧密。

（2）预制外墙板一般部位。内侧采用与预制内墙板相同的封堵方式。外侧则采用高

(a) 侧模封堵（对）

(b) 坐浆封堵（错）

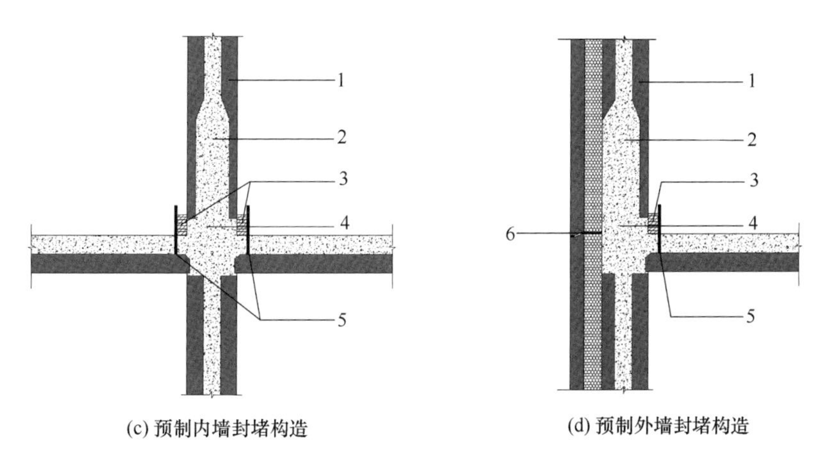

图 3-26　纵肋结构体系水平接缝封堵示意

1—预制墙板；2—空腔；3—竹胶板外附方木（接缝模板）；

4—底部接缝；5—模板限位钢筋；6—PE 压条

40mm、与保温板同宽的 PE 压条封堵，安装在下层墙体的保温板顶部，在预制墙体自重作用下与上层预制墙板保温板底部紧密压合，形成封闭面，具体工艺要求见本章 3.3.1 节。

（3）预制外墙板外窗下墙部位。因窗下墙底部接缝与墙板浇筑孔不直接连通，只通过底部接缝连通，故顶部浇筑工艺不易使其密实。故该部位水平缝高度优化设计为 20mm，在浇筑其他现浇部位混凝土前，先用水泥砂浆（常用 M7.5）封堵严密。

3.5　叠合板安装施工

叠合板是装配式建筑主要水平预制构件，施工安装流程如图 3-27 所示，核心工艺论述如下。

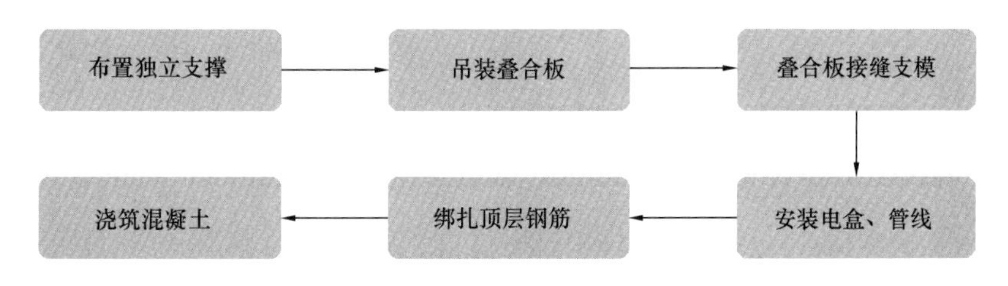

图 3-27　叠合板安装流程

3.5.1　叠合板支撑体系布置与安装

叠合板支撑模板支撑体系有独立支撑体系、盘扣式支撑体系、碗扣式钢管支撑体系等，宜采用快速组拆的独立支撑体系。该支撑体系由铝合金工字拖梁、方钢管等各类形工具式托梁、托架、独立钢支柱和折叠三脚架组成（图 3-28）。

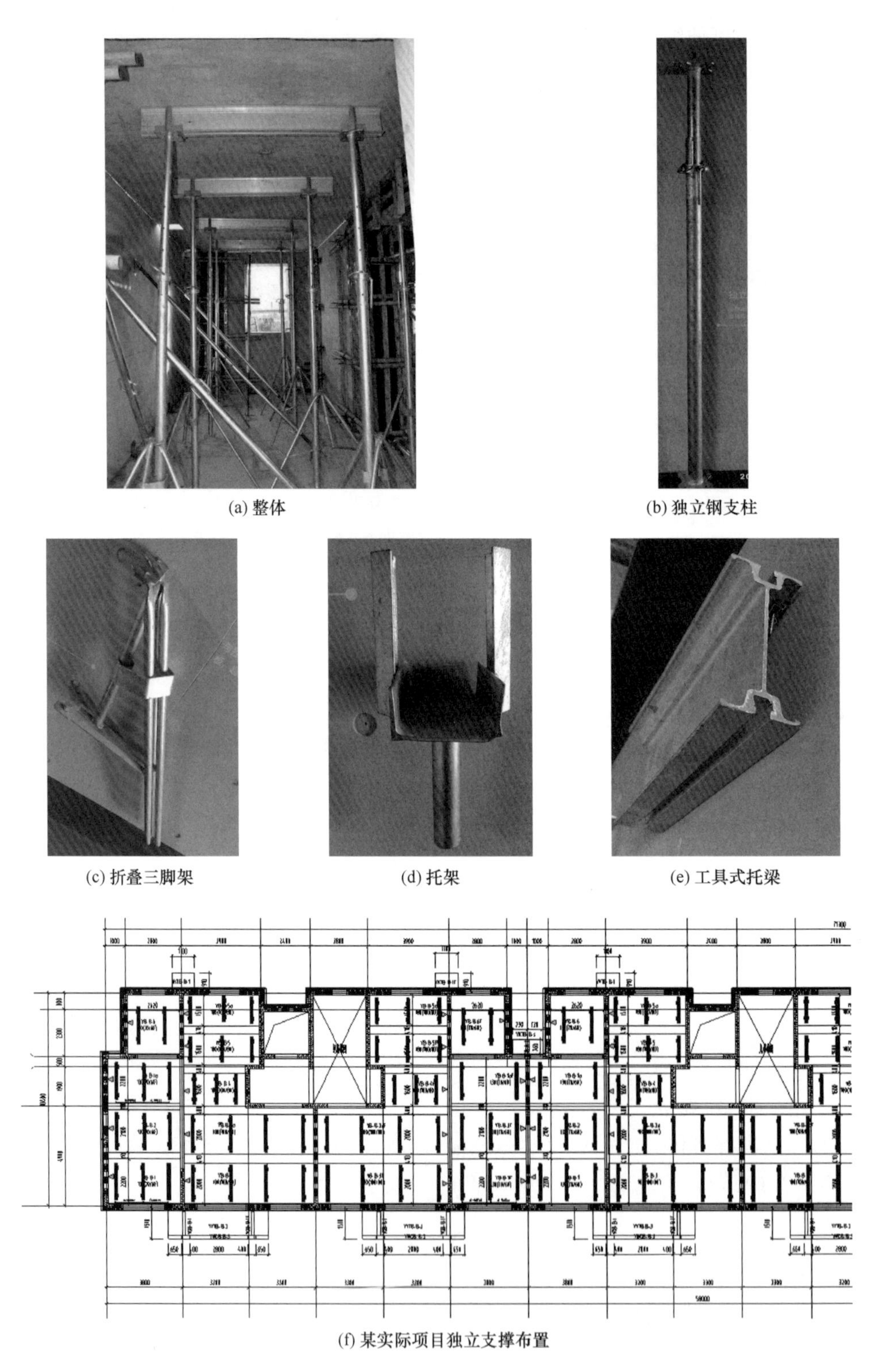

(a) 整体　(b) 独立钢支柱

(c) 折叠三脚架　(d) 托架　(e) 工具式托梁

(f) 某实际项目独立支撑布置

图 3-28　支撑系统构造及布置

独立钢支柱可伸缩调高，主要由外套管、内插管、微调节装置、微调节螺母等组成，能够承受梁板结构自重和施工荷载。工作原理为：内插管上每间隔150mm有一个销孔，可插入回形钢销，调整支撑高度。同时外套管上焊有一节螺纹管，配合微调螺母，实现微调，调整范围一般在170mm左右。单根支柱一般可承受的荷载为25kN。

折叠三脚架采用薄壁钢管焊接成型，设置1个锁具，靠偏心原理锁紧。折叠三脚架打开后，抱住钢支柱，使钢支柱独立、稳定。搬运时，收拢三脚架，手提搬运或码放入箱，集中吊运均可，方便快捷。

独立支撑布置基本原则为：

（1）根据叠合板厚度、叠合板跨度、叠合板跨度宽度、现浇层的厚度与板缝的宽度以及施工荷载等诸多因素受力分析计算，确定支撑型号、支撑间距等布置方案。

（2）根据实际工程经验，托梁应沿叠合板宽度方向布置，间距不宜小于2000mm，一般在1500～2000mm；每道托梁应依据板宽设置不少于2道支撑架，间距不大于1500mm，支撑距板边不宜大于600mm，一般在200～300mm。

（3）上、下楼层支撑设置点应保持对应。

（4）施工期间叠合板独立支撑一般配备不少于3层。

独立支撑受力验算主要内容为：

（1）计算内容包括：支撑按照轴心压构件，进行施工阶段的稳定承载力、受压承载力、插销处受剪力验算；叠合板按照梁构件，进行施工阶段受弯承载力、变形、裂缝验算。

（2）荷载组合：按照现行行标《建筑施工模板安全技术规范》（JGJ 162—2008）[45]有关规定，承载力验算应采用永久荷载与活荷载基本组合的效应设计值，变形验算应采用永久荷载与活荷载标准组合的效应设计值。

分析支撑时，永久荷载包括叠合板自重、后浇层自重、支撑自重；活荷载包括混凝土振捣荷载、施工人员及设备荷载。

分析叠合板时，永久荷载包括叠合板自重、后浇层自重；活荷载主要为施工人员及设备荷载。

某实际工程依据上述原则，对于长3.1m、宽2.1m、厚0.06m（总厚0.19m）的叠合板，采用4根48规格支撑，设置两道托梁，间距2.2m，边距0.45m，可满足验算要求（图3-29）。该支撑具体参数为：钢支柱上柱为ϕ48mm×3.5mm，截面积$A=4.89\text{cm}^2$，惯性矩$I=12.19\text{cm}^4$，回转半径$r=1.58\text{cm}$，下柱为ϕ60mm×3.0mm，截面积$A=5.37\text{cm}^2$，惯性矩$I=21.88\text{cm}^4$，回转半径$i=2.018\text{cm}$，支柱最大使用长度为$l_0=2.8\text{m}$。

独立支撑安装控制要点为：

（1）安装前测量放线。根据平面布置图进行放线定位独立支撑安放位置。按照装配式结构深化图纸在墙体上弹出叠合板边线和叠合板中心线，并在墙板面上弹出＋1m水平线、墙顶弹出板安放位置线，做出标识，以控制叠合板安装平面位置和标高，同时对控制线进行复核。

（2）根据安放位置，按照折叠三脚架独立钢支撑→独立钢支柱→托架→工具式托梁的

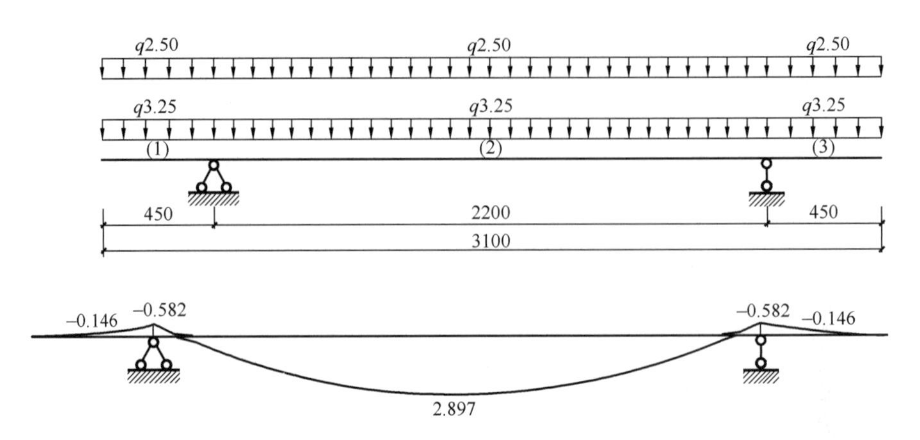

图 3-29　某实际项目设置支撑条件下的叠合板计算模型及弯矩

流程组装，利用标高测控线和水准仪等方法调整托梁顶部达到设计标高，才能开展下一道工艺，如图 3-30 所示。

(a) 安装折叠三脚架独立钢支撑

(b) 安装独立钢支柱

(c) 安装托梁

(d) 调整高度

图 3-30　独立支撑安装

独立支撑拆除工艺技术要点为：当叠合层混凝土强度达到设计要求时，方可拆除底模及支撑；当设计无具体要求时，同条件养护试件的混凝土立方体试件抗压强度应符合表 3-4 的规定；按照“先支后拆、后支先拆”的原则，进行拆除。

表 3-4　叠合板支撑、底模拆除时的混凝土强度要求

构件跨度（m）	达到设计混凝土强度等级值的百分率（%）
≤2	≥50
>2，≤8	≥75
>8	≥100

3.5.2　叠合板吊装、校正

如图 3-31 所示，叠合板安装就位、校正工艺要点如下：

（1）根据吊装方案要求，采用3.1.5节所述吊装技术要求，缓慢起吊，均匀、平稳吊运。

（2）在作业层上空 30cm 处停顿，施工人员手扶楼板调整方向，将板的边线与墙上的安放位置线对准，过程中注意避免叠合板预留钢筋与墙体钢筋碰撞。

（3）下放就位应停稳慢放，以免吊装放置时冲击力过大导致板面损坏。

（4）叠合板安装后应对安装位置、安装标高进行校正。位置校正时，可采用楔形小木块嵌入调整，不应使用撬棍调整，以免出现板边损坏；板底标高校正可通过独立支撑高度调节实现。

(a) 挂吊点

(b) 离地试吊

(c) 停顿高速

(d) 缓慢就位，避免钢筋碰撞

图 3-31　叠合板安装

3.5.3 叠合板模板布置与安装

叠合板之间拼接缝，叠合板底部与墙体顶部接缝均需要设置模板。

3.5.3.1 叠合板拼接缝模板布置与安装

叠合板拼接缝一般较窄，300～400mm，模板宜采用吊模方式，减少竖向支撑，优化施工操作空间。

吊模体系采用胶合板，钢管或木方构成的主、次龙骨，通过T形丝杆，与叠合板上表面固定，形成整体受力体系。根据模板宽度可设置成单杆和双杆，其中丝杆宜采用分离式构型，通过锥形套筒连接上、下两端，下部丝杆可便捷拆除，多次周转使用，并保证混凝土面洁净、规整，如图3-32所示。

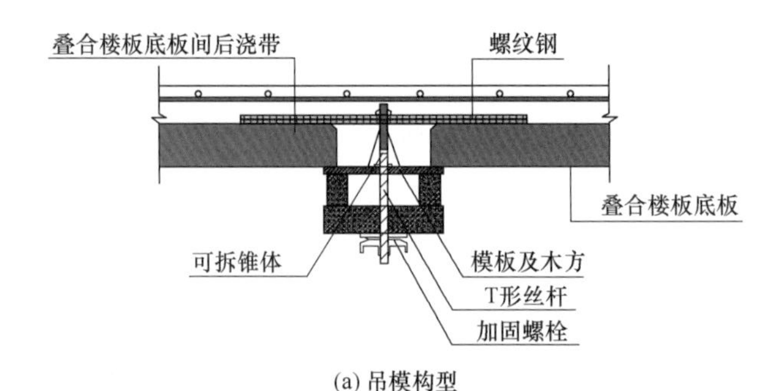

(a) 吊模构型

(b) 单杆吊模实物

(c) 双杆吊模实物

图3-32 叠合板吊模构型及实物

如图3-33所示，叠合板吊模体系应进行施工阶段受力验算，工艺流程为模板粘贴海绵条→吊挂模板（含次龙骨）→安放T形丝杆→安装主龙骨，紧固丝杆，工艺技术要点为：

（1）模板加工时应根据设计要求，预留丝杆穿模孔洞。

（2）模板与叠合楼板边缘企口对应位置沿长度方向应设置防漏浆海绵条，防止接缝漏浆。

（3）模板安装应精确定位，板边不应超出叠合板企口范围，以保证顶板接缝处的混凝土观感质量。

（4）T形丝杆横撑杆应深入两侧叠合板各端不小于50mm，保证吊挂安全。

(a) 模板粘贴海绵条

(b) 吊挂模板

(c) 安放T形丝杆

(d) 安装主龙骨，紧固丝杆

图3-33　叠合板吊模安装

依据技术要点，某实际工程吊模体系具体参数为：（1）15mm厚面板，40mm×40mm方钢管次龙骨，主龙骨为直径48mm双钢管；（2）T形丝杆中横撑杆两端深入两侧叠合板各50mm，间距500mm。当横撑杆长度≤400mm时，用ϕ16的HRB400钢筋；当长度>400mm时，用ϕ18的HRB400钢筋；（3）竖向丝杆：用ϕ16mm的HRB400钢筋，双杆时，两杆间距200mm。

3.5.3.2　叠合板与墙体接缝封堵

当叠合板底部与预制墙体顶部接缝宽度不大于20mm时，可在吊装叠合板前，用高强砂浆填堵密实，填塞时密封砂浆进入连接节点内宽度宜为10mm，以保证节点混凝土强度及整体性，如图3-34(a)所示。

当叠合板底部与预制墙体顶部接缝宽度大于 20mm 时，在吊装叠合板吊装就位后，采用木模板进行封堵，加固螺栓通过预留在墙体内的螺母或穿墙孔进行加固，如图 3-34(b) 和图 3-34(c) 所示。常用模板数据为：15mm 胶合板，背楞采用 50mm×100mm 方木，用 ϕ14mm 螺杆拉接固定。

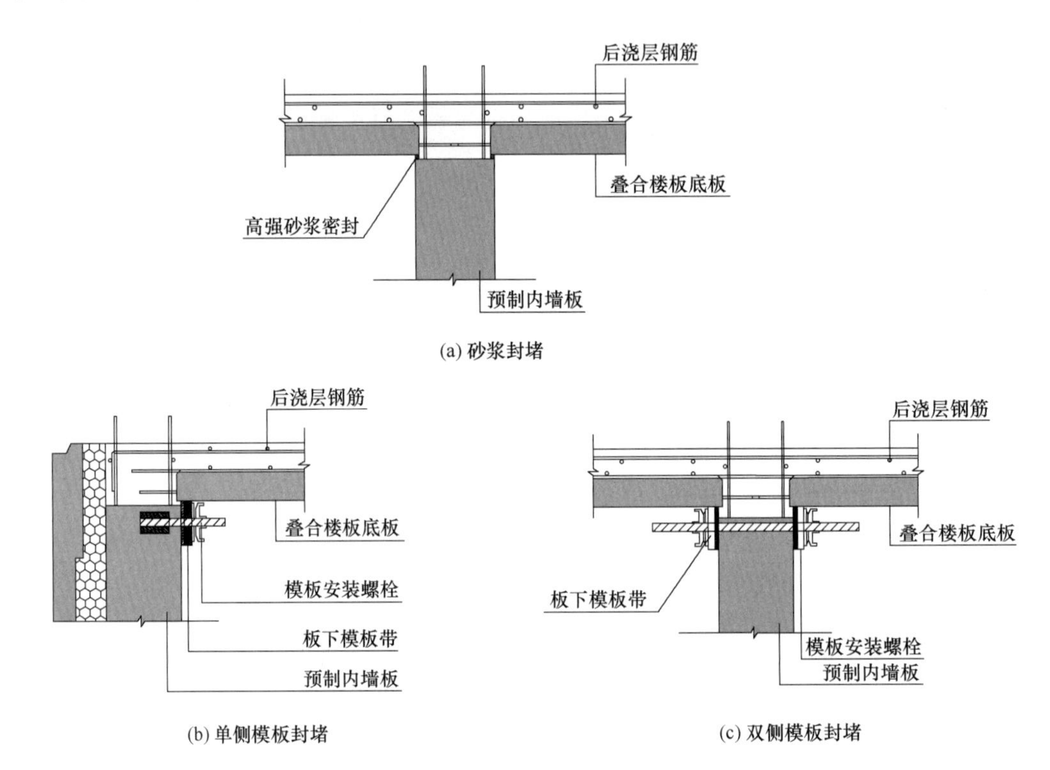

图 3-34　叠合板与墙体接缝封堵

3.5.4　叠合板管线、钢筋安装

如图 3-35 所示，叠合板管线、钢筋安装工艺实施要点为：

(1) 叠合板部位的机电线盒和管线根据深化设计图要求，布设机电管线，并清理干净。

(2) 根据在叠合板上方钢筋间距控制线进行钢筋绑扎，保证钢筋搭接和间距符合设计要求，利用叠合板桁架钢筋作为上铁钢筋的马凳，确保上铁钢筋的保护层厚度。板筋绑扎时采用八字扣或顺扣，绑扎结尾丝压向板内。外围钢筋交叉处应全部绑扎，其他交叉点可交错绑扎。钢筋搭接处绑扎至少为 3 道扣。

(3) 叠合板吊装前，宜将剪力墙连梁上部纵筋穿入后先不进行绑扎，待叠合板安装、校正完毕后再进行剪力墙连梁上部纵筋绑扎。

(4) 当叠合板生产预留用于固定墙板斜支撑的螺母位置存在误差或缺少数量时，应在叠合板上补装螺母，并与钢筋网片绑扎固定，方便斜支撑底部安装，同时做好成品保护，例如采用塑料胶带包裹密实，防止螺母变形，避免后期浇筑混凝土堵塞接头。

(a) 安装管线　(b) 安放钢筋

(c) 绑扎钢筋组成网片　(d) 安装预埋螺母并包裹

图 3-35　叠合板管线、钢筋安装

3.6　预制楼梯安装施工

3.6.1　预制楼梯安装流程与施工要点

预制楼梯主要指楼梯梯段，安装施工流程如图 3-36 所示。

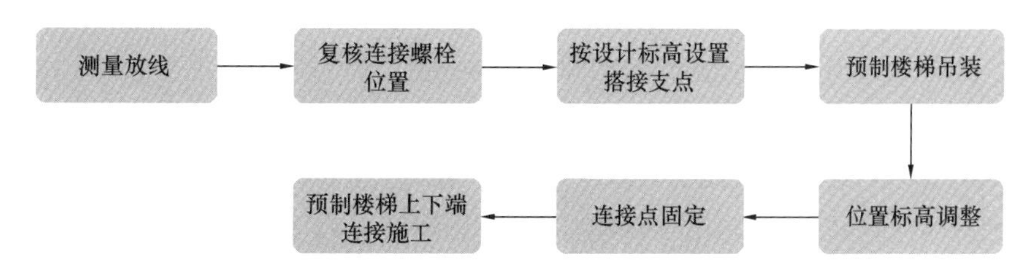

图 3-36　预制楼梯安装施工流程

预制楼梯按照安装施工要点，如图 3-37 所示。

（1）测量放线。弹出楼梯安装控制线，对位置控制线和标高控制线复核；楼梯侧面距结构墙体预留 20mm 空隙，为后续初装预留空间。

（2）精确定位连接螺栓位置，防止偏差造成预制楼梯无法安装。精确定位楼梯安装高度，在楼梯端上下梯梁处按照设计标高设置支点，一般高 20mm，宜采用 1mm 厚钢垫

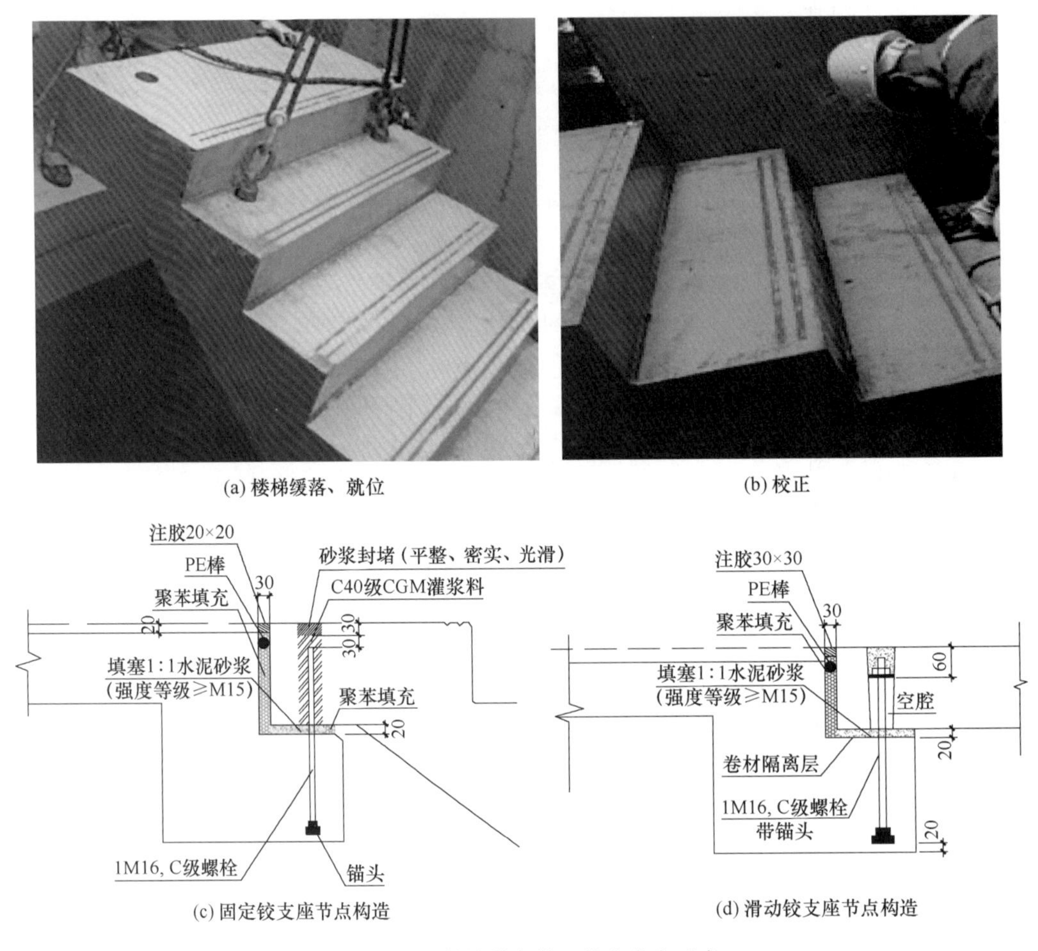

图 3-37 预制楼梯安装工艺和节点示意

片，并用胶布包成整体支设。

（3）下层楼梯吊装宜在上层混凝土浇筑完后实施，根据吊装方案要求，采用3.1.5节所述吊装技术要点，缓慢起吊，水平吊运。待楼梯板吊装至作业面上500mm处略作停顿，根据楼梯板方向调整，就位时要求缓慢操作，严禁快速猛放，以免造成楼梯板损坏。

（4）楼梯板基本就位后，根据控制线，利用撬棍微调、校正，完成后方可脱钩。

（5）预制楼梯一端连接成固定铰支座，一端连接成滑动铰支座。楼梯段校正完毕后，固定铰接支座连接孔采用C40级CGM灌浆料封堵密实，表面由砂浆收面，梯段与平台梁之间的30mm竖向缝隙采用聚苯板填充，放置PE棒，表面注胶30mm×30mm，梯段与平台梁之间的20mm水平接缝塞填砂浆。滑动铰接支座连接孔不灌浆，表面由砂浆收面，其他构造与固定铰支座构造相似。

3.6.2 预制楼梯相关预制构件安装

预制楼梯平台板可采用现浇方式或预制方式，当采用预制方式时，安装施工流程为：测量放线→支撑体系搭设→平台板安装→机电管线敷设→上部钢筋绑扎→混凝土浇筑。

与叠合板安装流程基本相同。

安装技术要点为：

（1）采用钢管支撑体系搭设，根据设计标高，通过支撑体系中顶托调节至合适位置处。

（2）预制平台板一般采用预埋四点吊环水平吊装。采用与叠合板相似的停顿调姿、缓慢放置方式就位。采用撬棍微调水平位置，支撑体系中U形顶托调整标高的方式进行校正。

（3）机电管线敷设、上部钢筋绑扎技术要点与叠合板相关工艺基本相同。

根据建筑设计功能需要，部分建筑楼梯间需要设计预制防火隔墙，其安装施工流程为：测量放线→吊装就位→调整→临时固定→永久固定。

安装质量控制要点为：

（1）根据施工图、标高与平面位置控制线，弹出预制楼梯隔墙板左右位置线和标高位置线，并进行复核，用于控制预制楼梯隔墙板位置。

（2）预制隔墙起吊时需要姿态调整，从平放状态吊于竖直状态才能吊起。根据吊装方案要求，采用3.1.5节所述吊装技术要点，缓慢起吊，水平吊运。待预制楼梯隔墙吊到作业面上方500mm处略作停顿，初次调整隔墙位置，正确后下降至作业面上方100mm时，再次微调预制隔墙凸槽位置对应预制楼梯凹槽位置，方便就位。

（3）通过连接件与本层楼梯临时固定，落钩，拆钩，继续安装下一块预制楼梯隔板和上一层楼梯的另一跑梯。待上一层楼梯就位调整后，通过上一层楼梯的连接件，将预制楼梯隔板进行最终固定。

3.7　预制空调板、阳台板安装施工

如图3-38所示，预制空调板、预制空调板均属于预制悬挑板，安装施工流程为：测量放线→支撑安装→吊装就位→调整。

安装技术要点为：

（1）根据施工图、标高与平面位置控制线，在预制外墙外侧靠悬挑构件一侧墙面弹出预制悬挑板左右位置线和标高位置线，并进行复核，用于控制预制悬挑板位置。

（2）预制悬挑板应采用钢管支撑体系搭设，应与结构有可靠拉结，确保架体安全可靠。支撑体系中托梁与叠合板设置相似，沿构件长度方向设置，托梁距构件边缘宜不大于150mm，构件吊装前调整支撑龙骨顶标高并应认真复核，架体履行验收手续。

依据上述要点，某纵肋结构体系实际工程预制悬挑板支撑体系基本参数为：立杆间距600mm，水平杆步距1200mm，托梁采用100mm×100mm木龙骨，龙骨沿构件长度方向设置，龙骨距构件边缘不大于50mm。根据设计标高，将支撑体系顶托调至合适位置处，通过钢管搭设“井字”架与门窗洞口相锁固定，确保悬挑构件安装架体安全可靠。

（3）预制悬挑板一般采用预埋四点吊环进行水平吊装，采用与叠合板相似的停顿调姿、缓慢放置方式就位，采用撬棍微调水平位置，支撑体系中U形顶托调整标高的校正方式。

(a) 支撑搭设

(b) 空调板安装就位

(c) 支撑体系固定示意

图 3-38　预制空调板、阳台板安装示意

3.8　现浇混凝土施工

3.8.1　混凝土材料技术参数

纵肋结构体系取消了灌浆施工，增设了空腔内混凝土浇筑工艺，故纵肋叠合墙板空腔混凝土需要强度符合设计要求，与预制墙板强度相同，还需要具有良好的工作性能，技术参数应符合下列要求：

(1) 扩展度不低于 550mm；

(2) 初始坍落度 (200±20)mm；

（3）粗骨料粒径不得超过 20mm（5～16mm、5～16mm 或豆石）；

（4）坍落度保留值 1h 经时损失小于 10%；

（5）含气量不大于 5%。

混凝土工作性能应现场测试如图 3-39 所示。

图 3-39　混凝土工作性能现场测试

3.8.2　浇筑、振捣施工

浇筑、振捣部位主要分为竖向的预制墙体空腔、现浇区域（连接节点、现浇墙体），水平向的叠合楼板叠合层和现浇楼板。混凝土浇筑施工如图 3-40 所示。

技术要点为：

（1）混凝土浇筑部位的模板、钢筋、预埋件及机电管线预留预埋等全部安装完毕，且隐检合格后，方可混凝土浇筑。

（2）混凝土浇筑按照“先竖向、后水平，不宜竖向与水平同时施工”“先空腔内，再其他部位”“先强度高、再强度低”的原则，确定了合理的施工顺序：预制墙板空腔→预制墙板现浇连接节点→现浇墙体→水平楼板。

（3）当浇筑部位高度较低时，可采用汽车泵浇筑，当浇筑部位高度较高时，宜采用塔吊和料斗运输至浇筑面。

（4）为防止预制空腔墙体混凝土漏灌、漏振，混凝土浇筑前，在预制外墙外叶板上浇筑空腔洞口位置设置标识，预制内墙上部钢筋上增设一道水平定位钢筋，在此钢筋上标注出浇筑空腔洞口位置。

（5）为防止外叶板，保温层浇筑受污染，混凝土浇筑前，宜用塑料薄膜进行覆盖进行防污处理，并设置模板挡护。

（6）浇筑混凝土及振捣作业时，应同步观察模板、钢筋、预留孔洞、预埋件、插筋及支撑系统等有无移动、变形或堵塞等异常情况，发生异常情况应及时采取措施进行处理，并应在已浇筑的混凝土凝结前修整完好。

(a) 防污措施

(b) 浇筑孔标识

(c) 汽车泵浇筑

(d) 吊斗浇筑

(e) 逐孔振岛

(f) 收面

图 3-40　混凝土浇筑施工

（7）竖向墙体浇筑与振捣

空腔混凝土应按照空腔标记连续、逐孔、分层浇筑，分层、逐孔振捣密实：每层浇筑高出不宜高出墙体高度一半，利用标尺进行测量控制，且在下层混凝土初凝前完成上层混凝土浇筑；根据振捣棒的有效振捣距离约为10倍振动棒直径估算，宜选用30振捣棒按顺序逐孔振捣，振捣棒应快插慢拔，不得漏振，振捣至上表面无气泡、无塌陷；振捣棒应插入下层混凝土内不小于150mm，并应在振捣棒相应位置做好标记控制振捣深度。

现浇区域混凝土分层浇筑，振捣棒应插入下层混凝土内不小于50mm。

（8）楼板浇筑与振捣

叠合层混凝土浇筑应由中间向两侧浇筑，浇筑前宜在钢筋上方用脚手板及钢筋、马凳等施工材料搭设穿行通道，防止钢筋踩踏变形。

叠合层混凝土施工应保证混凝土的均匀性和密实性，宜一次连续浇筑；当面积较大，不能一次浇筑时，可留设施工缝或后浇带分块浇筑，单向板应设置在整板1/3处。

宜选用30振捣棒进行振捣，振捣混凝土时应快插慢拔，插点要均匀排列，逐点移动，顺序进行，不得遗漏，做到均匀振实。移动间距不大于振捣作用半径的1.5倍（一般为30～40cm）。每一振点的延续时间以混凝土表面呈现浮浆为止，防止漏振、欠振及过振。楼层现浇叠合层与现浇构件交接处混凝土应加密振捣点，并适当延长振捣时间。

3.8.3　混凝土养护、拆模及收面施工

混凝土养护、拆模及找平施工质量控制要点为：

（1）构件接缝混凝土浇筑完成后可采取洒水、覆膜、喷涂养护剂等养护方式，养护时间不宜少于14d；

（2）模板待混凝土强度达到设计和规范要求时方可拆除，详见3.5.1节。

（3）为保证顶板浇筑平整度，浇筑混凝土前，宜采用在墙根部设贴筋饼等措施控制楼板厚度，找平时以此为依据用杠尺刮平，随即进行混凝土收面及收面后拉毛处理。

3.8.4　空腔内混凝土密实性能检测

为保证空腔内混凝土浇筑密实性，采用多种质检手段结合应用如图3-41所示，具体要求参见第4章节相关内容：

（1）浇筑混凝土时，同步观察预制墙体空腔出浆孔出浆情况，查看预制墙体浇筑观察视窗，初步判断空腔混凝土密实性。

（2）拆模后，通过水平缝、后浇带外观检查进行密实性进一步初判密实性。

（3）除初判外，需采用超声波扫描仪或电磁波雷达法等可靠检测方法检测空腔区域混凝土密实性，当发现有异常时应采取钻芯取样检测或破开检测。

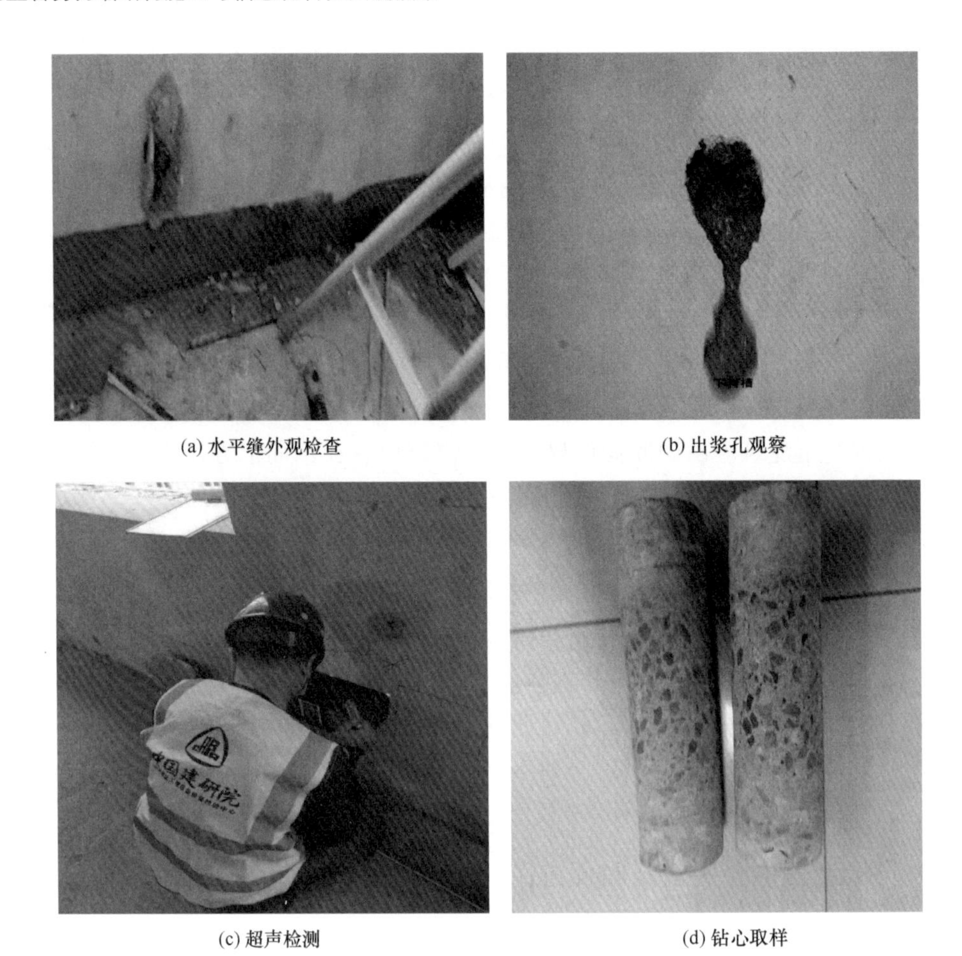

(a) 水平缝外观检查　(b) 出浆孔观察

(c) 超声检测　(d) 钻心取样

图 3-41　空腔混凝土检测方法示意

3.9　外墙接缝密封防水施工

3.9.1　相关材料技术要求

外墙板接缝构造详见第 1 章，所用的密封胶、背衬材料及保温材料进场检验合格后方可使用。

预制外墙板外侧接缝按设计要求选用相应密封材料，当设计无规定时采用位移能力不低于 25％的低模量耐候建筑密封胶进行密封。耐候密封胶与基层、背衬材料间具有良好的相容性，以及规定的抗剪力和伸缩变形能力，还具有防霉、防火、防水等性能。

预制外墙板接缝处密封胶的背衬材料宜选用发泡闭孔聚乙烯塑料棒（PE 条）、发泡氯丁橡胶棒（发泡棒），直径为缝宽的 1.2～1.5 倍，密度为 24～48kg/m^3。

3.9.2　接缝密封防水安装施工

纵肋外墙板吊装前，应检查在构件水平接缝防水构造做法是否完好，接缝处保温压条是否安装固定，发现缺棱掉角损坏或保温压条安装固定不到位，应及时修复。

纵肋外墙板连接接缝清理、打胶等防水施工应选择经验丰富的专业施工队伍，工艺流程为：接缝清理→塞背衬材料→粘贴防护胶带→刷底漆→打密封胶→压实刮平→撕除防护胶带，如图 3-42 所示。

(a) 接缝清理　(b) 塞背衬材料
(c) 刷底漆　(d) 打密封胶
(e) 压实刮平　(f) 撕除防护胶带

图 3-42　外墙接缝防水施工示意

质量控制要点为：

（1）防水密封胶封堵前，纵肋外墙板外侧水平、竖直接缝侧壁应清理干净，保持干燥。背衬材料应与板牢固粘结，不得漏嵌和虚粘。粘贴防护胶带可有效防止密封胶污染外墙表面，待打胶施工完成后可直接去除。

（2）打胶宽度、厚度应符合设计要求，施工环境温度为5～35℃，相对湿度不大于85%。打胶应均匀顺直，饱满密实，表面光滑连续；外墙板“十”字拼缝处应连续施工。打胶完成后，应压实刮平。

（3）外墙拼缝防水试验：密封胶施工完成后，雨后或者持续淋水30min后观察，如果出现渗漏，查找原因及部位并修整，确保验收无渗漏现象。

3.10 成品保护

预制构件在运输、存放、安装施工过程中及装配安装后做好成品保护工作，成品保护应采取包裹、遮盖等有效措施。

总体原则为：预制构件堆放处2m内不应进行电焊、气焊作业；交叉作业时，应做好工序交接，不得对已完成工序的成品、半成品造成破坏；应制订合理的预制构件堆放方案。应制订预制构件修复方案，对于受损构件严格按照方案进行修复；修补后的构件经验收合格后方可使用。

预制构件出厂运输过程中的成品保护应采取以下措施：

（1）预制外墙构件饰面砖、石材外饰面须采用贴膜保护或其他专业材料保护；构件角部用木板护角保护，防止磕碰造成破坏，如图3-43(a)所示；

（2）预制墙体构件加工过程中应注意保护预留支撑螺栓孔和模板加固螺栓孔，对于外墙构件外叶板现浇节点预留模板加固螺栓孔，应在外侧设置保护帽，防止灰渣等进入，导致螺栓孔不能使用；

（3）预制构件根据安装状态受力特点，制订有针对性的运输措施，保证运输过程构件不受损坏；当无设计要求时，出厂构件混凝土强度不应低于设计强度值。构件出厂装车采取的运输方式、构件运输保护措施、构件码放方式和数量、构件捆扎方式及支垫方式，详见第2章。

预制构件存放过程中的成品保护应符合第2章所述的堆场布置、构件合理存放等措施。

预制构件安装过程中的成品保护：

（1）构件吊装吊点应吊挂在规定的位置上，并按要求吊挂牢固，防止构件因不当受力而损坏，见3.1.5节。

（2）预制构件在安装施工过程中、施工完成后，应防止施工机具碰撞；吊装墙、板时与各塔吊信号工协调吊装，避免碰撞造成损坏。

（3）在吊装过程中墙板清水面如有砂浆等污染及时处理干净。

（4）浇筑顶板、纵肋空腔及现浇构件混凝土时，应采取防污措施，局部出现污染在浇筑完成后及时用清水擦拭干净。

（5）吊装预制阳台之前采用橡塑材料成品护阳角。

（6）预制阳台、叠合板在施工安装时应搭设通道，避免人员穿行踩踏钢筋，有效防止钢筋移位、破坏，如图 3-43(b) 所示。

（7）两墙板竖缝之间用粘贴防水带封堵，防止后浇混凝土侧漏污染外饰面，详见 3.4.1 节。局部出现污染在浇筑完成后及时擦拭干净。

预制构件安装完毕后的成品保护：

（1）在浇筑转换层墙体之前插筋上端部采用塑料薄膜包裹严实，保护其不被混凝土灰浆污染；

（2）用于固定临时支撑预埋在叠合板内螺母或现场后补螺母，安装完毕后应采取可靠的成品保护，见 3.5.4 节；

（3）顶板出地面的水电管线，放线洞、下水预留洞等采用定制木盒等措施固定进行保护；

（4）预制楼梯安装后，踏步面宜采用木板或其他覆盖形式保护，如图 3-43(d) 所示。

(a) 墙板木板护角保护

(b) 叠合板顶搭设穿行通道

(c) 钢筋上部薄膜包裹

(d) 楼梯覆盖木板保护

图 3-43　成品保护示意

3.11　外防护体系选型与施工

3.11.1　常规外防护体系类型与选型

如图 3-44 所示，装配式建筑外防护体系主要分为落地式、悬挑式、附着提升式。

(a) 落地式

(b) 钢梁悬挑式

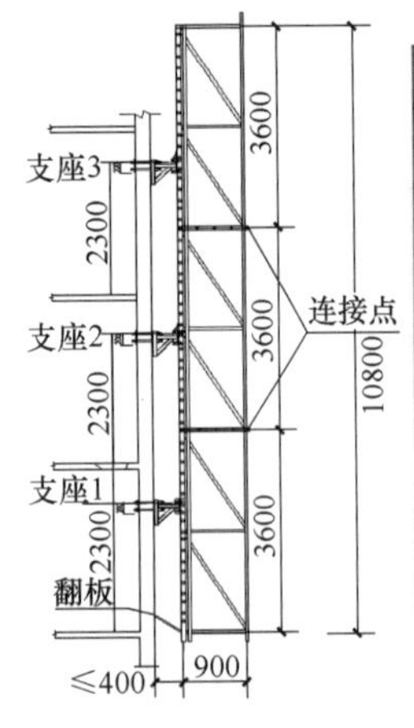

(c) 附着墙体爬架

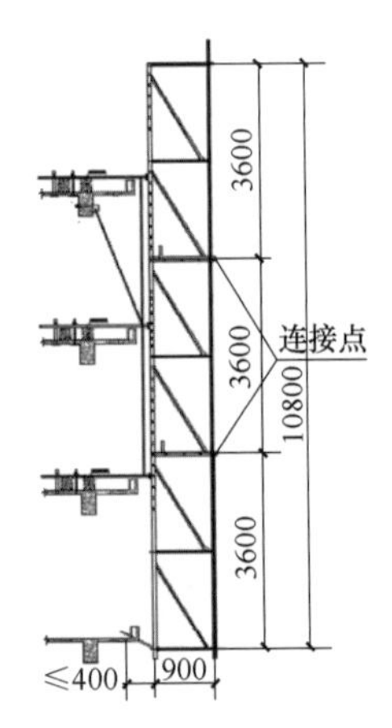

(d) 附着楼板爬架

图 3-44　常用防护架构造示意

落地式外防护体系一般采用钢管脚手架，通过门窗洞口与结构进行可靠拉结，直接搭设在地面构建形成整体结构，搭设高度有限（20mm 左右），主要用于低、多层装配式建筑。

悬挑式外防护体系一般采用工字钢梁作为承重构件，在现浇层或装配层与楼板可靠连接进行悬挑，上部搭设钢管脚手架作为防护系统，形成完整的受力和防护功能体系，可通过一次或多次搭设满足多、高层装配式建筑施工防护要求。该外防护体系有效解决了落地式外防护体系使用高度受限等问题，使用成本低，经济效益良好，但钢梁悬挑需要预留大尺寸孔洞，不利于预制墙板尤其是空心类墙板的生产制造。针对相关问题，近年来国内出现了新型悬挑式外防护体系，采用桁架作为承重结构与墙体固定传力，实现了技术升级迭代。该新型悬挑式外防护的技术应用将在下节重点介绍。

附着提升式外防护架是指搭设一定高度并附着于工程结构上，依靠自身的升降设备，可随工程结构逐层爬升或下降，具有防倾覆、防坠落装置的外防护架系统，俗称“爬架”。爬架主要由竖向主框架、底部水平支撑桁架、附墙支座（或附板支座）、提升装置和安全防护装置组成，通过结合建筑层高确定附着层数，一般不超过五层层高，四层和五层较为常用。爬架与工程结构连接主要分为附着墙板、附着楼板两种方式，需要提前做好预制构件的预留预埋工作，整体考虑设置卸料平台、塔吊锚固、室外电梯安装等技术配合要求。

各类外防护体系选型需综合考虑安全、实用、经济等因素，并在施工实施前提前由专业分包单位制订专项施工方案，超过一定条件的需进行专家论证：

（1）搭设高度 50m 及以上的落地式防护架工程。

（2）提升高度 150m 及以上附着式整体和分片提升防护架工程。

（3）架体高度 20m 及以上悬挑式防护架工程。

凡涉及危险性较大分部分项工程施工方案编制、审核、审批及实施应严格按照《危险性较大的分部分项工程安全管理规定》（中华人民共和国住房和城乡建设部令第 37 号）实施。

3.11.2　三角桁架悬挑式新型外防护体系设计与施工

纵肋结构体系采用三角桁架悬挑式新型外防护体系，可有效解决附着爬升式外防护体系使用成本较高、钢梁悬挑式外防护体系预留预埋尺寸大不利于墙板生产、落地钢管脚手架外防护体系使用高度受限等问题。

三角桁架悬挑式新型外防护体系由三角桁架悬挑架、工字钢、脚手架系统及卸荷装置及门窗洞口辅助固定装置组成，安装在转换层或预制标准层托起近 20m 钢管脚手架系统，可一次性搭建完成小于 30m 的装配式建筑外防护体系，如图 3-45 所示。

该体系技术特点为：

（1）采用质量轻、强度高的角钢三角桁架规格化产品作为悬挑架，通过穿墙螺栓与墙体可靠连接，上部敷设 U 形钢筋固定的工字钢，形成力学性能优异的空间承重系统；

（2）设置卸荷绳索装置，降低悬挑架外部受力，提升安全冗余度；

（3）开发门窗洞口辅助固定装置，与悬挑架和洞口上下端墙板可靠连接，有限解决门窗洞口不宜搭设悬挑架难题；

（4）上部架设钢管脚手架系统，进一步完善施工防护、输运等使用功能，构建完成了整个外防护体系。

该外防护体系设计、布置基于以下原则：

(a) 整体架构

(b) 局部构造

图 3-45 悬挑式新型外防护系统构造

（1）需要开展受力验算，进行外防护体系，尤其是悬挑架具体参数设计。

（2）悬挑架竖向布置位置和搭设次数应依据上部脚手架系统搭设高度和建筑度确定，并合理避让阳台板、空调板等悬挑构件。

（3）悬挑架宜采用规格化产品，沿建筑外墙相同水平高度均匀布置，间距不宜大于 2000mm。外墙转角处应采用专用悬挑架及配套固定连接进行布置，门窗洞口处应架设辅助固定装置与悬挑架固定连接布置。

（4）钢丝绳卸荷应依据产品手册和相关规范在外墙板转角处，脚手架系统中间高度处合理设置。

如图 3-46 所示，该外防护体系在某实际工程中的应用布置概况如下：

（1）本工程装配式住宅建筑全部采用纵肋叠合剪力墙体系，典型建筑地下 2 层或 3 层，地上 15 层，层高 2.8m，建筑总高 46.80m，转换层位于第 3 层。根据建筑层高和外防护架一次搭设使用最大高度（近 20mm），采用搭设二次的方式。第一次悬挑架安装在 3 层（现浇层），本次搭建的脚手架协同施工进度最终安装至 11 层楼板以上 1.5m 位置，

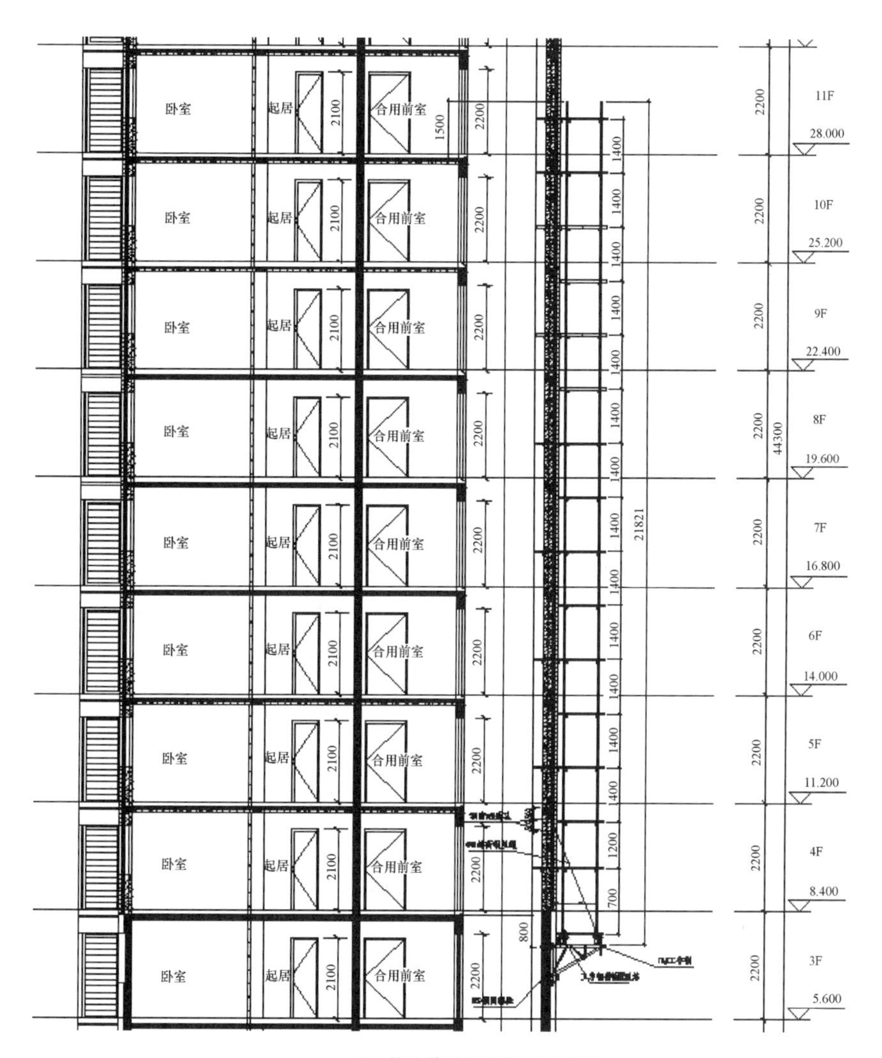

(a) 外防护体系竖向总体布置

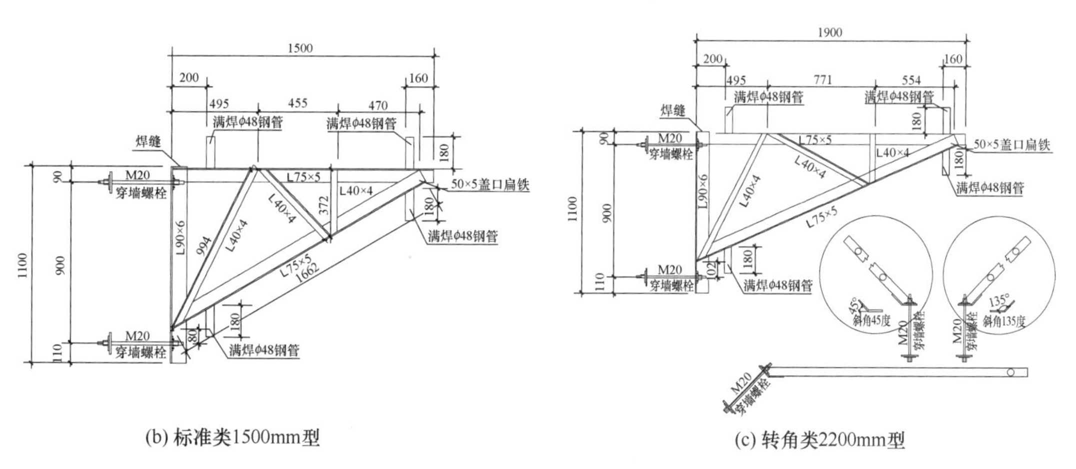

(b) 标准类1500mm型

(c) 转角类2200mm型

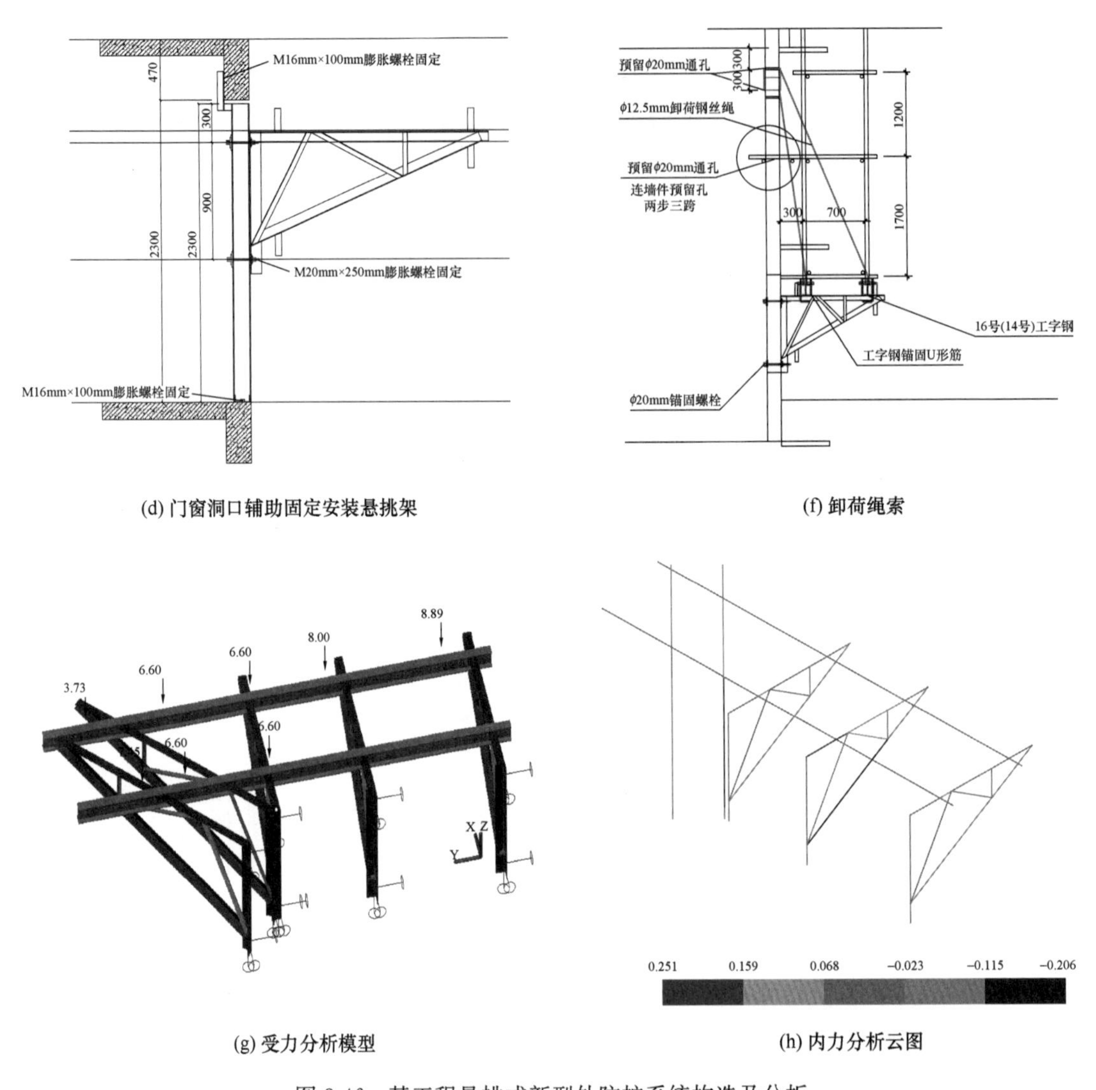

(d) 门窗洞口辅助固定安装悬挑架

(f) 卸荷绳索

(g) 受力分析模型

(h) 内力分析云图

图 3-46 某工程悬挑式新型外防护系统构造及分析

搭设高度 21.8m；第二次悬挑架安装在 10 层（装配层），上次搭建的同层脚手架需拆除，本次搭建的脚手架协同施工进度最终安装至女儿墙以上 1m，搭设高度 21.2m。

（2）外防护体系的下部空间承重系统通过有限元进行施工阶段内力分析和验算，合理确定悬挑架具体设计参数。

（3）本工程采用规格化悬挑架产品，主要包括标准类 1500mm、1900mm、2200mm 型，转角类 1900mm、2200mm 型，各规格主材均选用 L90mm×6mm 角钢、L75mm×5mm 角钢、L40mm×4mm 角钢，实现高度标准化。悬挑架与墙体采用 8.8 级 ϕ20mm 穿墙螺栓连接，墙体内侧使用 120mm×120mm×8mm 厚钢垫加 80mm×80mm×8mm 厚钢垫，墙外侧使用单螺母加 80mm×60mm×8mm 厚钢垫，有效避免局部承压破坏。在悬挑架上布置两道 16 型或 14 型工字钢梁。

（4）门窗洞口设置的辅助固定装置由双 14 型工字钢焊接，上端与下端焊接 12 型槽钢开设直径18mm的圆孔与上下墙梁采用M16mm×100mm膨胀螺栓固定，与三角架连接立柱开设直径25mm的圆孔采用M20mm×250mm穿墙螺栓固定。

该外防护体系施工安装流程为：测量定位、预埋预留→安装悬挑架→铺设工字钢→固定悬挑架与工字钢→焊接立杆定位筋→固定卸荷钢丝绳（上层墙体施工完毕）→安装脚手架系统。

安装质量控制要点为：

（1）按照悬挑架平面布置方案，通过仪器设备精确测定穿墙螺栓位置，并在模板支设前，放置内径30mm的穿墙套管，与墙体钢筋固定连接。套管两头用胶带等措施封闭严密，防止混凝土渗入堵塞。当模板拆除后，及时疏通查看。

当悬挑架布置在预制层时，应在纵肋空心墙板生产阶段预留螺栓孔。

（2）待悬挑架螺栓孔校正完成后，按照"由内到外"的原则，安装墙内垫片及螺栓，再在螺栓穿出墙外后，安装三角支撑架，锁紧螺母，进行标高及垂直度校正，最终紧固螺栓。

当第二次安装悬挑架时，应提前拆除同层脚手架体系，留出施工操作空间。

（3）悬挑架安装完成后，在悬挑架上布置两排平行通长工字钢，第一排工字钢距现浇墙体450mm，距预制墙外表面300mm，第二排均距第一排800mm，以3～4跨悬挑架为一个单元。

（4）工字钢铺设完成后，在与悬挑架每个交点处用1个ϕ16mm的U形卡具斜向穿过悬挑架横杆和工字钢，上部用垫板及螺母固定。为保证工字钢与悬挑架紧密结合，缝隙小于30mm时使用垫片顶紧，缝隙30～100mm时使用木方及木模板固定。

（5）根据脚手架立杆位置，在工字钢上放线，焊接定位钢筋，待校正完成后方可进行下一道工序。

3.12　塔吊布置与安装

3.12.1　塔吊选型与布置

结合现有工程项目经验，纵肋结构体系主要采用塔吊进行预制构件吊装。塔吊选型应考虑塔机的吊次、吊装半径、吊运能力等工作性能，塔机布置与施工现场实际情况适应程度，施工现场用电总容量等。

典型塔吊（三洋7525）性能参数如图3-47所示。

塔吊平面布置需要考虑以下因素：（1）减少塔吊基础施工和塔吊安装后对边坡稳定性的影响；（2）基本实现回转半径覆盖整个施工作业区，减少塔吊视野盲区，并减少群塔之间的相互影响；（3）方便塔吊安装、拆除。

塔吊竖向布置时，相交塔吊塔臂必须相互错开，满足基本安全距离要求：低位塔吊的起重臂端部与另一台塔吊的塔身之间的距离不得小于2m；高位塔吊的最低位置的部件（或吊钩升至最高点或平衡重的最低部位）与低位塔吊中处于最高位置部件之间的垂直距

主要外形尺寸

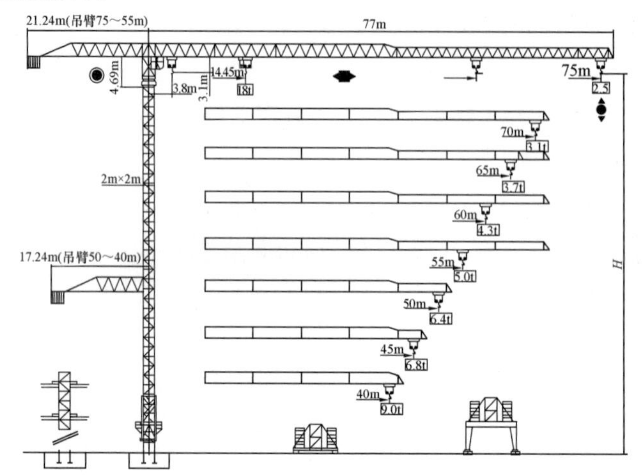

工作速度	起升速度及性能(75JLF45P)	2倍率	起升速度(m/min)	0~45	0~67.4	0~90
			最大起重量(kg)	9000	4500	2250
		4倍率	起升速度(m/min)	0~22.5	0~33.7	0~45
			最大起重量(kg)	18000	9000	4500
	小车牵引速度(m/min)	0~65				
	空载回转速度(rad/min)	0~0.8				
	液压顶升速度(m/min)	0.8				
机构及主要配套件参数	部件名称	电机				
		型号		功率(kW)	转速(r/min)	数量
	起升机构	75JLF45P		75	1480	1
	变幅机构	7.5JXF8		7.5	1500	1
	回转机构	YTLEJ132L-145-4F1/4F2		145N.m	1500	3
		YTRVJ132M3-4F1/4F2		9kW	1500	3
	顶升液压缸	活塞杆直径125mm		缸径180mm	行程H=1600mm	油缸连接尺寸2180mm

供电容量：150kV·A

执行标准：GB/T 13752

(a) 几何尺寸、基本性能

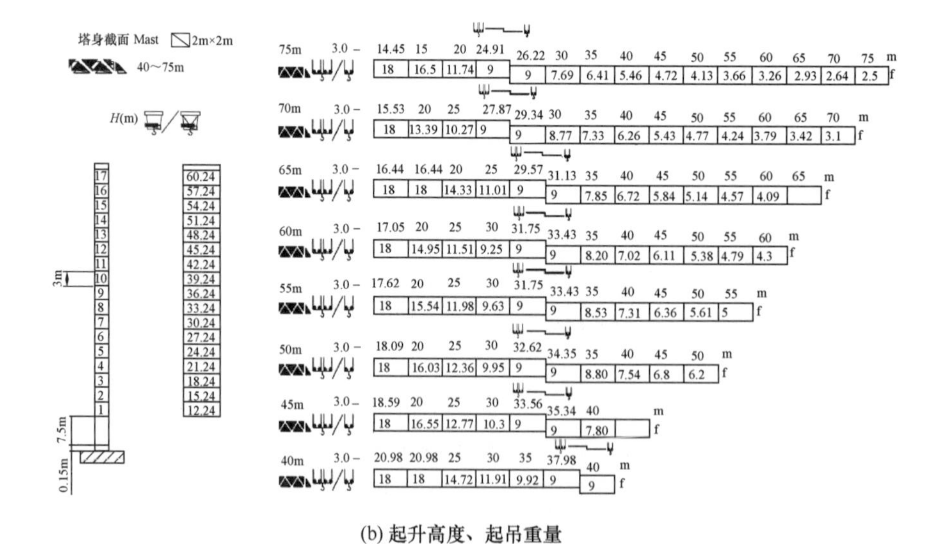

(b) 起升高度、起吊重量

图 3-47　典型塔吊性能示意

离不得小于 2m。

某工程的塔吊平面与竖向布置如图 3-48 所示。

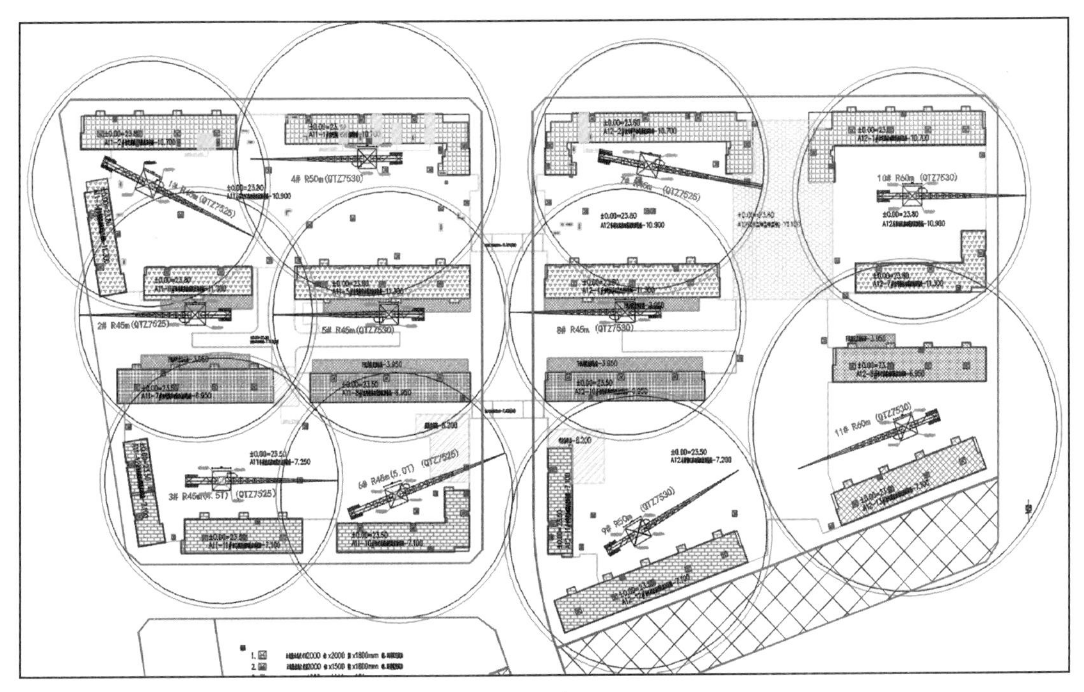

(a) 平面布置

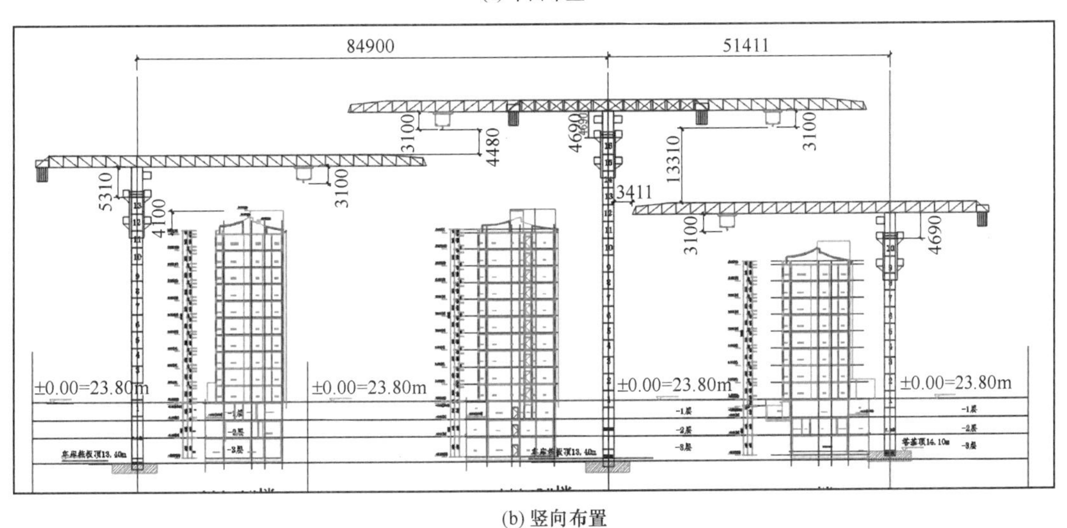

(b) 竖向布置

图 3-48　某工程塔吊布置示意

3.12.2　塔吊基础设计

塔吊基础一般按独立基础设计，主要设计荷载包括：垂直荷载、倾覆力矩。主要验算内容为：基础最小尺寸计算、塔吊基础承载力计算、地基基础承载力验算、受冲切承载力验算、承台配筋计算等。图 3-49 为典型的塔吊基础配筋示意。

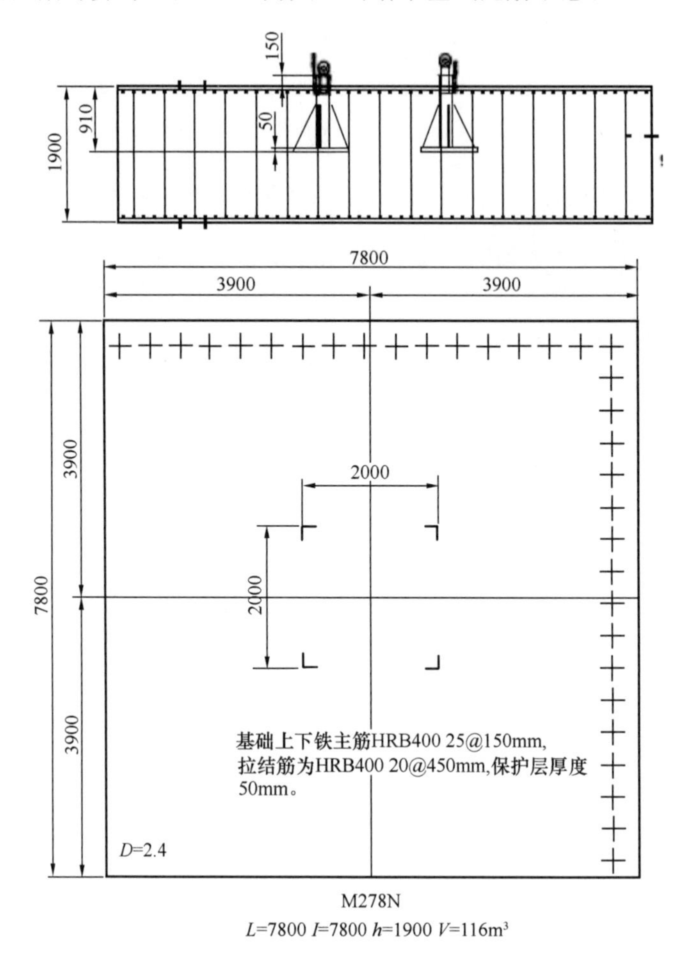

图 3-49 塔吊基础配筋示意

3.12.3 外墙免开洞新型塔吊锚固系统设计与施工

各类塔吊均存在独立工作高度，超过该高度必须采用设置附着支撑，与主体结构锚固，加固塔身，减小悬臂长度，提高塔吊整体稳定性能。

常规锚固方式是通过墙体预留孔洞，设置穿孔连接件，与塔吊附着支撑有效连接，实现可靠锚固。纵肋结构体系外墙通常设计为带外饰面夹心保温纵肋空心墙板，采用该锚固方式会破坏外饰面完整性，需要后期修补，修复难度大，增加了工序、延长了工期，不利于高效施工。

纵肋结构体系研发团队研发了外墙免损塔吊锚固技术，如图 3-50 所示。该锚固装置包括型钢柱、辅助斜支撑、与塔吊附着支撑连接耳板、型钢柱与辅助斜支撑连接耳板、钢柱与楼板端板连接节点、辅助斜支撑与楼板端板式连接节点。该技术将墙体锚固附着方式转换为水平楼板锚固附着方式，设置带斜支撑的型钢柱锚固装置，水平向与穿过门窗孔洞的塔吊附着支撑连接，竖向与上下层楼板连接，形成合理、可靠的受力路径，即

"附着支撑→锚固钢柱、辅助斜支撑→端板连接节点→楼板"的受力路径，实现了塔吊与楼板的安全锚固、避免了外墙饰面开孔破损，可拆卸循环利用，降低了使用成本。

(a) 外墙免损塔吊锚固装置

(b) 偏心连接局部加固

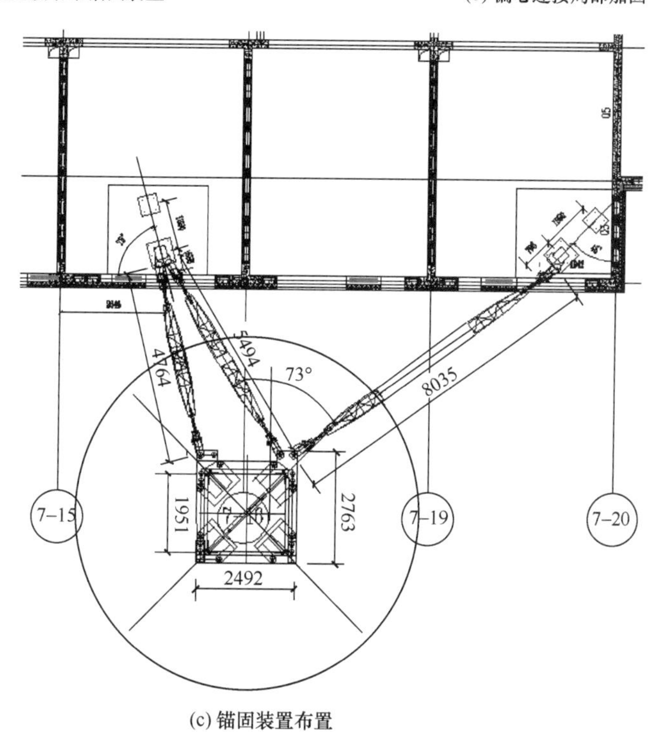

(c) 锚固装置布置

图 3-50　外墙免损塔吊锚固装置构造与布置示意

该装置设计、布置基本原则为：

(1) 需要开展受力分析验算，进行装置具体参数设计。

（2）具体布置时宜使锚固撑杆轴线（如两根为夹角平分线）对准锚固钢柱中心，减小偏心荷载；当水平力作用方向未锚固钢柱中心，需要局部节点加固。

如图 3-51 所示，该装置受力验算技术要点：

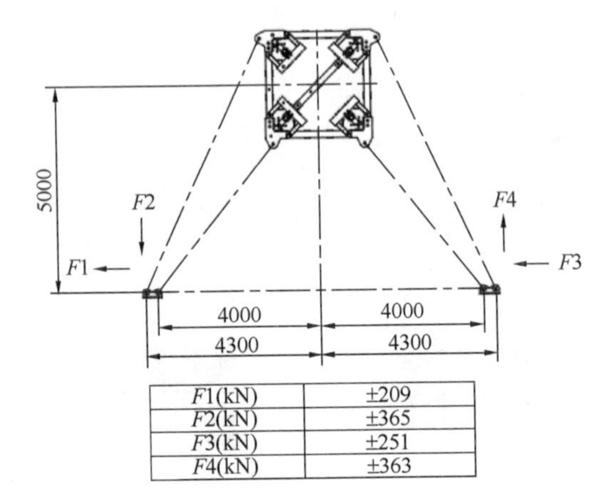

F1(kN)	±209
F2(kN)	±365
F3(kN)	±251
F4(kN)	±363

(a) 外部荷载

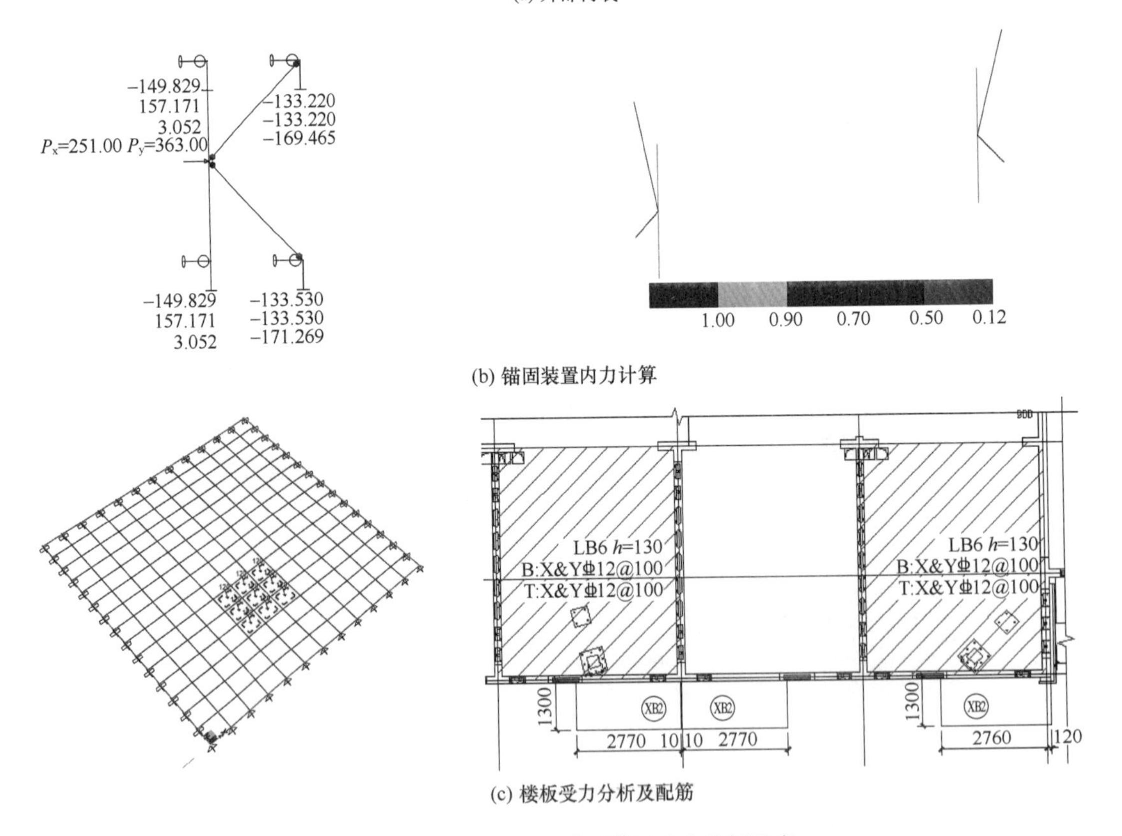

(b) 锚固装置内力计算

(c) 楼板受力分析及配筋

图 3-51　外墙免损塔吊锚固装置受力分析示意

（1）外部荷载应根据选用塔吊的产品手册确定。

（2）计算内容包括：锚固钢柱、辅助斜支撑稳定、强度及变形验算；楼板受弯承载力、冲切承载力计算；连接节点承载力计算。

（3）依据楼板分析结果，判定设置锚固装置的楼板是否配筋加强。

某实际工程依据上述原则设计的锚固装置具体参数为：钢柱用 300mm×300mm×16mm 方管钢柱，辅助斜支撑用 ϕ150mm×16mm 圆管，钢柱连接端板 450mm×450mm×20mm，并加装 40mm 减振橡胶垫，通过 8ϕ24 高强螺栓与楼板相连结，斜支撑端板通过 4ϕ24 高强螺栓与楼板相连结。相应楼板区域需要增大板配筋面积，实现双层双向 ϕ12@100 配筋。

该锚固装置施工安装流程：测量放线→预埋套管→装置钢构件吊装→螺栓固定→验收，其安装工艺技术要点为：

（1）在叠合板吊装完成，且钢筋绑扎施工完成后，进行定位放线，放出螺栓孔位置，误差不大于 2mm。

（2）预埋直径 30mmPVC 套管，并与焊接在叠合板桁架筋上钢柱可靠绑扎，确保预埋套管固定牢固，避免混凝土振捣、浇筑扰动。

（3）钢柱等主杆件使用吊环吊装，用吊环穿插至钢柱上下端螺栓孔内拧紧。应按照叠合板吊装工艺，吊运至施工作业面处。

（4）检查螺栓连接孔位置，剔凿、磨平连接处楼板；待校完成后，安装底板减振垫，再安装钢柱，进而穿插地面楼板高强螺栓，完成底部连接；钢柱顶板加装减振垫后，穿插顶面楼板高强螺栓，完成钢柱安装；按上述工序安装辅助斜撑杆，如图 3-52(a) 所示。

（5）安装时，全部螺栓应安装到位，拧紧并检查有无松动，如图 3-52(b) 所示。当螺栓不能正常安装时，不应气割扩孔，应绞刀修孔，修孔时需使板层紧贴，以防铁屑进入板缝，修孔后要用砂轮机清除孔边毛刺，并清除铁屑。安装完成后，应紧固螺栓，使连接件接触面、螺栓头和螺母与构件表面紧贴，螺栓紧固后的外露丝扣不应少于 2 扣，紧固质量检验可采用锤敲检验。

（6）完成后，应自检和监理验收，合格后方可进行下道工序。后期使用时，需定期巡检螺丝有无松动、各插销是否脱销等，做好巡检记录。

(a) 构件安装

(b) 紧固螺栓

图 3-52　外墙免损塔吊锚固装置安装示意

第4章　施工质量验收

4.1　施工验收总则

纵肋结构体系结构工程应按混凝土结构子分部工程进行验收，装配式结构部分应按混凝土结构子分部工程的分项工程验收，子分部工程如有其他分项工程项目应符合国家标准《混凝土结构工程施工质量验收规范》（GB 50204—2015）及《建筑工程施工质量验收统一标准》（GB 50300—2013）[46]的有关规定。

装配式混凝土结构工程施工用的原材料、部品、构配件均应按检验批进行进场验收。

纵肋结构体系应在安装施工及浇筑混凝土前完成下列隐蔽项目的现场验收：

（1）预制构件与现浇混凝土结构连接处混凝土粗糙面的质量，键槽的尺寸、数量、位置；

（2）后浇混凝土中钢筋的牌号、规格、数量、位置、间距、锚固长度，箍筋弯钩的弯折角度及平直段长度；

（3）结构预埋件、螺栓、预留专业管线的规格、数量与位置；

（4）预制构件之间及预制构件与后浇混凝土之间的节点、接缝；

（5）预制混凝土构件接缝处防水、防火等构造做法；

（6）其他隐蔽项目。

4.2　预制构件进场验收

预制构件进场验收依据现行国家标准及地方标准等要求分为主控项目与一般项目，达到验收标准方可进行下一项工序。

4.2.1　主控项目

（1）进场的预制构件应具有出厂合格证及相关质量证明文件，产品质量应符合设计及相关技术标准要求。

质量证明文件应包括如下内容：混凝土预制构件出厂合格证；混凝土强度检验报告；钢筋力学性能复试报告；水泥复试报告；保温材料复试报告；保温连接件拉拔试验报告；瓷板、面砖及石材拉拔试验报告；结构性能检验报告；合同要求的其他质量证明文件。

检验数量：按批检查。

检验方法：构件质量证明文件。

（2）预制构件的结构性能检验应符合国家标准《装配式混凝土建筑技术标准》（GB/T 51231—2016）[47]、《混凝土结构工程施工质量验收规范》（GB 50204—2015）的规定。

检验数量：按批检查。

检验方法：结构性能检验报告或有关质量记录。

（3）混凝土强度应符合设计文件及行业标准《装配式混凝土结构技术规程》（JGJ 1—2014）[40]的有关规定。

检查数量：按批检查。

检验方法：混凝土强度检验报告，必要时回弹法测定。

（4）预制构件的预埋件、预留钢筋、预留孔、预留洞、浇筑孔、空腔的规格、数量和粗糙面深度、面积及键槽数量和规格应满足设计要求和有关标准的规定。

检查数量：全数检验。

检验方法：观察和量测。

（5）陶瓷类装饰面砖与构件基面的粘结强度应符合行业标准《建筑工程饰面砖粘结强度检验标准》（JGJ/T 110—2017）[48]和《外墙饰面砖工程施工及验收规程》（JGJ 126—2015）[49]的规定。

检查数量：按批检查。

检验方法：检查面砖粘结性能检验报告。

（6）纵肋夹心保温空心墙板的保温性能应符合设计要求。

检查数量：按同一工程、同一工艺的预制构件分批抽样检验。

检验方法：检查保温板材料试验报告、隐蔽工程检查记录、安装质量检验资料、外墙板保温性能试验报告等。

（7）夹心保温纵肋空心墙板用的保温拉结件类别、数量、位置及性能应满足设计要求。

检验数量：按批检查。

检验方法：检查保温连接件进场试验报告、隐蔽工程检查记录、安装质量检验资料、连接件拉拔和抗剪试验报告等。

（8）预制构件外观质量不应有严重缺陷，且不应有影响结构性能和安装、使用功能的尺寸偏差。对超过尺寸允许偏差且影响结构性能和安装、使用功能的部位应经原设计单位认可，制定技术处理方案进行处理，并应重新检查验收。

检查数量：全数检查。

检验方法：观察。

预制构件根据外观质量缺陷对预制构件的结构性能、安装和使用功能影响的严重程度，将外观质量缺陷划分为严重缺陷和一般缺陷，见表 4-1。各类外观缺陷示意如图 4-1 所示。

表 4-1　构件外观质量缺陷分类

名称	现象	严重缺陷	一般缺陷
露筋	构件内钢筋未被混凝土包裹而外露	纵向受力钢筋有露筋	—
蜂窝	混凝土表面缺少水泥砂浆而形成石子外露	构件主要受力部位有蜂窝	其他部位有少量蜂窝
孔洞	混凝土中孔穴深度和长度均超过保护层厚度	构件主要受力部位有孔洞	—
夹渣	混凝土中夹有杂物且深度超过保护层厚度	构件主要受力部位有夹渣	其他部位有少量夹渣
疏松	混凝土中局部不密实	构件主要受力部位有疏松	其他部位有少量疏松
裂缝	缝隙从混凝土表面延伸至混凝土内部	构件主要受力部位有影响结构性能或使用功能的裂缝	其他部位有少量不影响结构性能或使用功能的裂缝
连接部位缺陷	构件连接处混凝土缺陷及连接钢筋、拉结件松动，插筋严重锈蚀、弯曲，后浇混凝土孔洞堵塞、偏位、破损等缺陷	连接部位有影响结构传力性能的缺陷	连接部位有基本不影响结构传力性能的缺陷
外形缺陷	缺棱掉角、棱角不直、翘曲不平、飞出凸肋等，装饰面砖粘结不牢、表面不平、砖缝不顺直等	清水或具有装饰的混凝土构件内有影响使用功能或装饰效果的外形缺陷	其他混凝土构件有不影响使用功能的外形缺陷
外表缺陷	构件表面麻面、掉皮、起砂、沾污等	具有重要装饰效果的清水混凝土构件有外表缺陷	其他混凝土构件有不影响使用功能的外表缺陷

注：预制墙板的主要受力部位应包含纵肋。

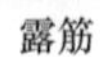

露筋

蜂窝

图 4-1　外观质量缺陷示意（一）

孔洞　　夹渣

疏松　　裂缝

连接部位缺陷——连接钢筋锈蚀　　连接部位缺陷——墙体水平钢筋弯曲变形

连接部位缺陷——墙体竖向钢筋偏移　　连接部位缺陷——连梁钢筋偏移致碰撞

图 4-1　外观质量缺陷示意（二）

连接部位缺陷——竖缝竖向钢筋变形移位

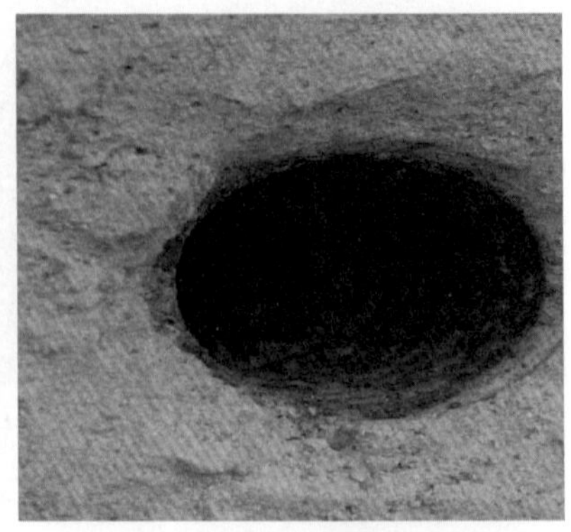

连接部位缺陷——连接埋件锈蚀

连接部位缺陷——连接埋件偏移

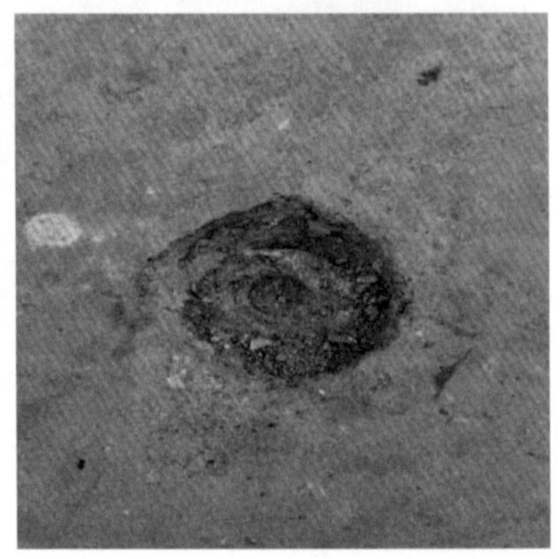

连接部位缺陷——连接埋件孔洞堵塞

连接部位缺陷——预留孔洞偏移

连接部位缺陷——预留孔洞尺寸偏差

图 4-1　外观质量缺陷示意（三）

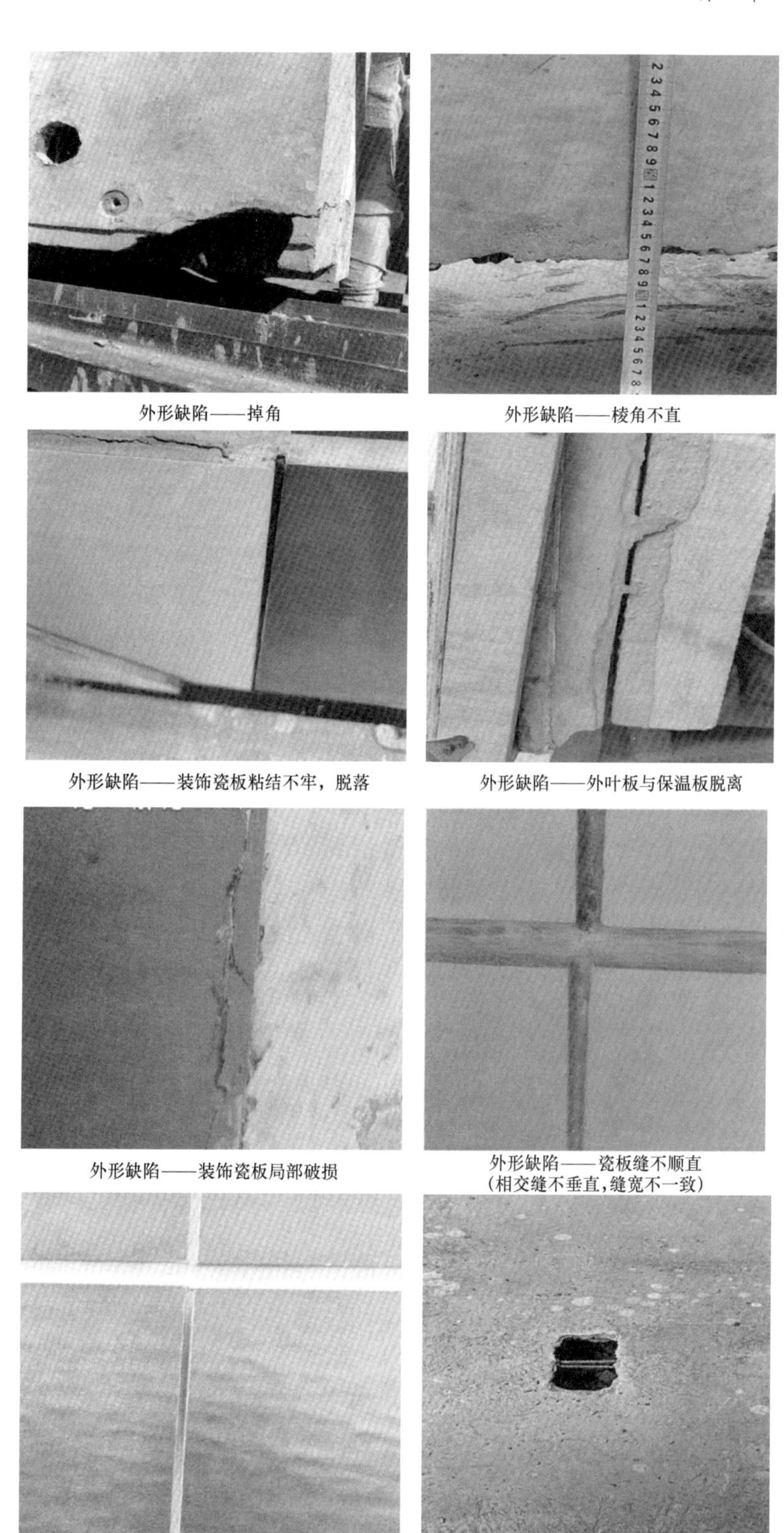

外形缺陷——掉角

外形缺陷——棱角不直

外形缺陷——装饰瓷板粘结不牢，脱落

外形缺陷——外叶板与保温板脱离

外形缺陷——装饰瓷板局部破损

外形缺陷——瓷板缝不顺直
(相交缝不垂直,缝宽不一致)

外形缺陷——瓷板缝勾缝深度不一致

外表缺陷——麻面

图 4-1　外观质量缺陷示意（四）

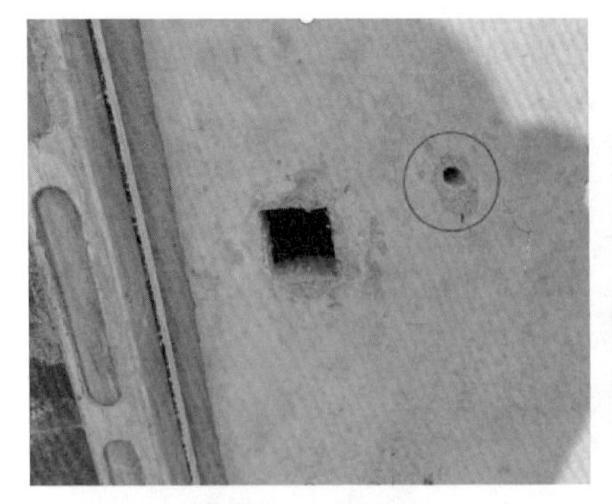

外表缺陷——局部起皮

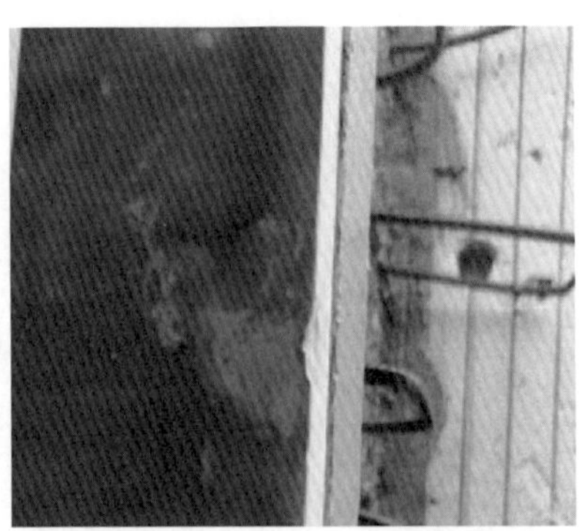

外表缺陷——瓷板表面打胶沾污

外表缺陷——瓷板表面混凝土浇筑沾污

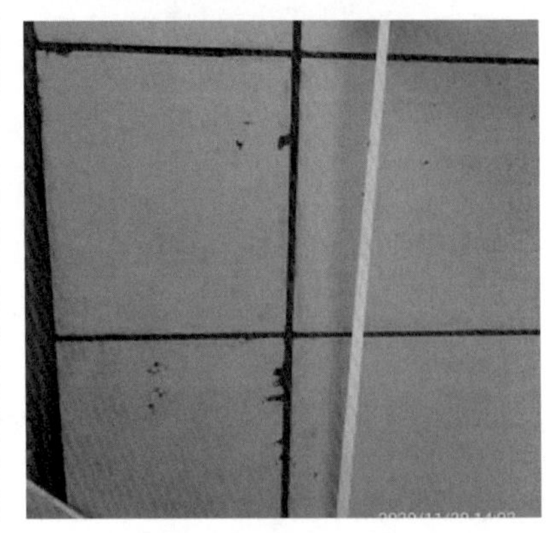

外表缺陷——瓷板成品表面打胶沾污

外表缺陷——瓷板表面修补粗糙，痕迹明显

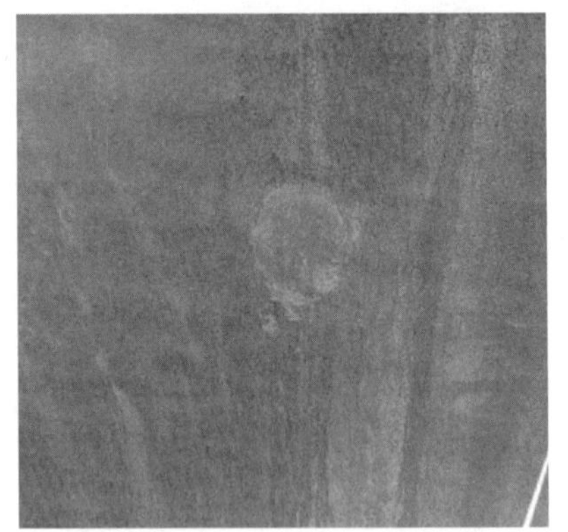

外表缺陷——瓷板表面修补色差明显

图 4-1　外观质量缺陷示意（五）

4.2.2　一般项目

（1）预制构件出厂成品保护措施应落实到位。

检查数量：全数检查。

检验方法：观察。

（2）预制构件外观质量不应有一般缺陷；对出现的一般缺陷，要求构件生产单位按技术处理方案进行处理，并重新检查验收。

检查数量：全数检查。

检验方法：观察。

一般缺陷指标详见表 4-1。

（3）预制墙板外形尺寸允许偏差及预埋件、浇筑孔、空腔、预留孔、预留洞、预留钢筋、吊件、键槽的尺寸及位置允许偏差和检验方法应符合表 4-2～表 4-5 的规定；与预制构件粗糙面相关的尺寸允许偏差可放大 1.5 倍。受力钢筋保护层厚度、连接用螺栓（孔）中心线位置等的合格点率应达到 90%及以上，且不得有超过表中数值 1.5 倍的尺寸偏差。

检查数量：同一生产企业、同一品种的构件，不超过 100 个为一批，每批抽查构件数量的 5%且不少于 3 件。

表 4-2　预制墙板外形尺寸允许偏差和检验方法

项次	检查项目			允许偏差（mm）	检验方法
1	宽度、高度			±3	用尺量两端及中间部，取其中偏差绝对值较大值
2	厚度			±2	用尺量板四角和四边中部位置共 8 处，取其中偏差绝对值较大值
3	对角线差			5	在构件表面，用尺量测两对角线的长度，取其绝对值的差值
4	门窗口	位置偏移		3	用尺量与预留门窗洞口相垂直两侧模的各两个端部，分别垂直量至墙体侧模，每个侧模的两个读数的差值，即为该侧模的位置偏移数，记录其中较大差值
		规格尺寸		±4	用尺量测
		对角线差		4	用尺量测
5	外形	表面平整度	清水面	2	用 2m 靠尺安放在构件表面上，用楔形塞尺量测靠尺与表面之间的最大缝隙
			非清水面	3	
6		侧向弯曲		$L/1000$ 且≤5mm	拉线，钢尺量最大弯曲处
7		扭翘		$L/1000$ 且≤5mm	四对角拉两条线，量测两线交点之间的距离，其值的 2 倍为扭翘值
8	预埋部件	预埋钢板、木砖	中心线位置偏移	5	用尺量测纵横两个方向的中心线位置，记录其中较大值
			平面高差	0，−5	用尺紧靠在预埋件上，用楔形塞尺量测预埋件平面与混凝土面的最大缝隙
9		预埋螺栓、螺母	中心线位置偏移	2	用尺量测纵横两个方向的中心线位置，记录其中较大值
			外露长度	+10，−5	用尺量测
10		预埋管、电线盒、电线管	在构件平面的水平方向中心位置偏差	10	用尺量测
			与构件表面混凝土高差	0，−5	用尺量测

续表

项次	检查项目		允许偏差（mm）	检验方法
11	浇筑孔	中心线位置偏移	2	用尺量测纵横两个方向的中心线位置，记录其中较大值
		孔尺寸	±2	用尺量测纵横两个方向尺寸，取其最大值
12	空腔	壁厚	2	用尺量测空腔端部壁厚尺寸，每空腔每端 2 处，取其最大值
		最小肋厚度	−2	用尺量测墙板端部肋厚尺寸，每墙板 3 处，取其最大值
13	预留孔	中心线位置偏移	5	用尺量测纵横两个方向的中心线位置，记录其中较大值
		孔尺寸	±5	用尺量测纵横两个方向尺寸，取其最大值
14	预留洞	中心线位置偏移	5	用尺量测纵横两个方向的中心线位置，取其中较大值
		洞口尺寸、深度	±5	用尺量测纵横两个方向尺寸，取其最大值
15	预留钢筋	中心线位置偏移	5	用尺量测纵横两个方向的中心线位置，取其中较大值
		外露长度	+10，0	用尺量测
16	吊环、吊钉	中心线位置偏移	10	用尺量测纵横两个方向的中心线位置，取其中较大值
		与构件表面混凝土高差	0，−10	用尺量测
17	键槽	中心线位置偏移	5	用尺量测纵横两个方向的中心线位置，取其中较大值
		长度、宽度	±5	用尺量测
		深度	±5	用尺量测
18	主筋保护层		+5，−3	保护层测定仪量测

表 4-3　预制板类构件外形尺寸允许偏差及检验方法

项次	检查项目			允许偏差（mm）	检验方法
1	长度、宽度	≤6m		±3	用尺量两端及中间部，取其中偏差绝对值较大值
		>6m 且≤12m		±5	
2	厚度			±3	用尺量板四角和四边中部位置共 8 处，取其中偏差绝对值较大值
3	对角线差			5	在构件表面，用尺量测两对角线的长度，取其绝对值的差值
4	外形	表面平整度	清水面	2	用 2m 靠尺安放在构件表面上，用楔形塞尺量测靠尺与表面之间的最大缝隙
			非清水面	3	
5		侧向弯曲		$L/1000$ 且≤8mm	拉线，钢尺量最大弯曲处
6		扭翘		$L/1000$ 且≤10mm	四对角拉两条线，量测两线交点之间的距离，其值的 2 倍为扭翘值

续表

项次	检查项目			允许偏差（mm）	检验方法
7	预埋部件	预埋钢板、木砖	中心线位置偏移	5	用尺量测纵横两个方向的中心线位置，取其中较大值
			平面高差	0，－5	用尺紧靠在预埋件上，用楔形塞尺量测预埋件平面与混凝土面的最大缝隙
8		预埋螺栓	中心线位置偏移	2	用尺量测纵横两个方向的中心线位置，取其中较大值
			外露长度	＋10，－5	用尺量测
9		预埋线盒、电盒	在构件平面的水平方向中心位置偏差	10	用尺量测
			与构件表面混凝土高差	0，－5	用尺量测
10	预留孔	中心线位置偏移		5	用尺量测纵横两个方向的中心线位置，取其中较大值
		孔尺寸		±5	用尺量测纵横两个方向尺寸，取其最大值
11	预留洞	中心线位置偏移		5	用尺量测纵横两个方向的中心线位置，取其中较大值
		洞口尺寸、深度		±5	用尺量测纵横两个方向尺寸，取其最大值
12	预留插筋	中心线位置偏移		3	用尺量测纵横两个方向的中心线位置，取其中较大值
		外露长度		±5	用尺量测
13	吊环、吊钉	中心线位置偏移		10	用尺量测纵横两个方向的中心线位置，取其中较大值
		留出高度		0，－10	用尺量测
14	桁架钢筋高度			＋3，0	用尺量测
15	主筋保护层			＋5，－3	保护层测定仪量测

注：L 为构件长度（mm）；检查中心线、螺栓和孔洞位置偏差时，应沿纵、横两个方向量，并取其中偏大值。

表 4-4　装饰构件（不含瓷板饰面装饰构件）外观尺寸允许偏差及检验方法

项次	装饰种类	检查项目	允许偏差（mm）	检验方法
1	通用	表面平整度	2	2m 靠尺或塞尺检查
2	面砖、石材	阳角方正	2	用托线板检查
3		上口平直	2	拉通线用钢尺检查
4		接缝平直	3	用钢尺或塞尺检查
5		接缝深度	±5	用钢尺或塞尺检查
6		接缝宽度	±2	用钢尺检查

表 4-5　瓷板饰面装饰构件外观尺寸允许偏差及检验方法

项次	装饰种类	检查项目	允许偏差（mm）	检验方法
1	瓷板饰面	表面平整度	4	2m 靠尺或塞尺检查
2		阳角方正	2	用托线板检查
3		上口平直	2	拉通线用钢尺检查
4		接缝平直	3	拉通线用钢尺检
5		接缝高低差	1	用钢尺或塞尺检查
6		接缝宽度	±2	用钢尺检查

（4）预制构件表面预贴饰面砖、石材等饰面及装饰混凝土饰面的外观质量应符合设计要求。

检查数量：按批检查。

检验方法：观察或轻击检查，与样板比对。

（5）构件应在明显位置设置表面标识，标识内容宜包括工程名称、构件型号、生产日期、合格标识、生产单位等信息。当采用二维码或无线射频等技术记录信息时，应核对相关信息的准确性。

检查数量：全数检查。

检验方法：观察、扫描。

4.3　结构装配施工验收

装配式结构安装完毕后，预制构件按照一般项目进行安装精度验收，尺寸允许偏差应符合要求（表 4-6）。

检查数量：

（1）按楼层、结构缝或施工段划分检验批。在同一检验批内，对梁、柱，应抽查构件数量的 10%，且不少于 3 件；

（2）对墙和板，应按有代表性的自然间抽查 10%，且不少于 3 间；

（3）对大空间结构，墙可按相邻轴线间高度 5m 左右划分检查面，板可按纵、横轴线划分检查面，抽查 10%，且均不少于 3 面。

表 4-6　装配式结构安装尺寸的允许偏差及检验方法

项目		允许偏差（mm）	检验方法
构件中心线对轴线位置	基础	15	经纬仪或尺量
	竖向构件（柱、墙板、桁架）	8	
	水平构件（梁、板）	5	
构件标高	梁、柱、墙、板底面或顶面	±5	水准仪或拉线、尺量

续表

项目			允许偏差（mm）	检验方法
构件垂直度	柱、墙板	≤6m	$H/1000$，且≤5	经纬仪或吊线、尺量
		>6m	$H/1000$，且≤10	
构件倾斜度	梁、桁架		5	经纬仪或吊线、尺量
相邻构件平整度	板端面		5	2m 靠尺、塞尺量测
	梁、板底面	外露	3	
		不外露	5	
	柱、墙板	外露	5	
		不外露	8	
外墙相邻装饰构件接缝高低差			2	用钢尺或塞尺检查
构件搁置长度	梁、板		±10	尺量
支座、支垫中心位置	板、梁、柱、墙板、桁架		10	尺量
接缝宽度			±5	尺量

4.4　支撑系统与模板安装验收

临时支撑系统与模板安装完成后，应依据现行国家标准及地方标准等要求分为主控项目与一般项目进行验收，达到验收标准方可进行下一项工序。

4.4.1　主控项目

（1）预制构件安装临时固定支撑应稳固可靠，并应符合设计、专项施工方案及相关技术标准要求。

检查数量：全数检查。

检验方法：观察检查，检查施工方案、施工记录或设计文件。

（2）后浇混凝土结构模板应具有足够的承载能力、刚度和稳定性，并应符合设计、专项施工方案及相关技术标准要求。

检查数量：全数检查。

检查方法：观察检查，检查施工记录。

4.4.2　一般项目

纵肋结构体系后浇混凝土结构模板安装偏差及检验方法应符合表 4-7 的规定。

检查数量：在同一检验批内，对梁和柱，应抽查构件数量的 10%，且不少于 3 件；对墙和板，应按有代表性的自然间抽查 10%，且不少于 3 间。

表 4-7　模板安装允许偏差及检验方法

项　目		允许偏差（mm）	检验方法
轴线位置		5	尺量检查
底模上表面标高		±5	水准仪或拉线、尺量检查
截面内部尺寸	柱、梁	+4，−5	尺量检查
	墙	+2，−3	尺量检查
层高垂直度	不大于 5m	6	经纬仪或吊线、尺量检查
	大于 5m	8	经纬仪或吊线、尺量检查
相邻两板表面高低差		2	尺量检查
表面平整度		5	2m 靠尺和塞尺检查

注：检查轴线位置时，应沿纵、横两个方向量测，并取其中的较大值。

4.5　钢筋与预埋件质量验收

钢筋与预埋件质量验收应依据现行国家标准及地方标准等要求分为主控项目与一般项目进行验收，达到验收标准方可进行下一项工序。

4.5.1　主控项目

（1）构件连接钢筋外露长度允许偏差及检查方法应符合表 4-8 的规定。

检查数量：同一生产企业、同一品种的构件，不超过 100 个为一批，每批抽查构件数量的 5%且不少于 3 件。

（2）钢筋采用机械连接时，其接头质量应符合行业标准《钢筋机械连接技术规程》（JGJ 107—2016）的有关规定。

检查数量：应符合行业标准《钢筋机械连接技术规程》（JGJ 107—2016）的有关规定。

检验方法：检查钢筋机械连接施工记录及平行试件的强度试验报告。

（3）纵向受力钢筋采用绑扎搭接接头时，接头设置应符合国家标准《混凝土结构工程施工质量验收规范》（GB 50204—2015）及《混凝土结构工程施工规范》（GB 50666—2011）的有关规定。

检查数量：应符合国家标准《混凝土结构工程施工质量验收规范》（GB 50204—2015）及《混凝土结构工程施工规范》（GB 50666—2011）的有关规定。

检验方法：观察、尺量。

4.5.2　一般项目

纵肋结构体系后浇混凝土中连接钢筋、预埋件安装位置允许偏差和检验方法应符合表 4-8 的规定。

检查数量：在同一检验批内，对梁和柱，应抽查构件数量的 10%，且不少于 3 件；对墙和板，应按有代表性的自然间抽查 10%，且不少于 3 间。

表 4-8　连接钢筋、预埋件安装位置的允许偏差及检验方法

项目		允许偏差（mm）	检验方法
连接钢筋	中心线位置	5	尺量检查
	长度	±10	
安装用预埋件	中心线位置	3	尺量检查
	水平偏差	3，0	尺量和塞尺检查
斜支撑预埋件	中心线位置	±10	尺量检查
普通预埋件	中心线位置	5	尺量检查
	水平偏差	3，0	尺量和塞尺检查

注：检查预埋件中心线位置时，应沿纵、横两个方向量测，并取其中较大值。

4.6　后浇混凝土质量验收

后浇混凝土质量验收是纵肋结构体系验收重要且具特色的组成部分，分为主控项目与一般项目，达到验收标准方可进行下一项工序。

4.6.1　主控项目

（1）纵肋叠合剪力墙结构空腔及其他后浇区浇筑的混凝土强度应符合设计文件的规定。

检查数量：每工作班同一配合比的混凝土取样不得少于一次，每次取样应至少留置一组标准养护试块，同条件养护试块的留置组数宜根据实际需要确定。

检验方法：检查施工记录及试件强度试验报告。

（2）纵肋叠合剪力墙空腔及其他后浇区浇筑的混凝土应浇筑密实，外观质量应符合国家标准《混凝土结构工程施工质量验收规范》（GB 50204—2015）的有关规定。后浇混凝土的外观质量不应有严重缺陷。对已经出现的严重缺陷，应由施工单位提出技术处理方案，并经监理（建设）单位认可后进行处理。对经处理的部位，应重新检查验收。

（a）纵肋叠合剪力墙空腔混凝土应按以下方法抽查和检验。

检查数量：检验构件的选取应均匀分布，每 2 层且建筑面积不超过 2000m^2 应作为一个检验批，叠合剪力墙与叠合柱应分别组成检验批；每个检验批应随机抽取不少于 3 个竖向叠合构件。

检验方法：观察检查，检查施工记录，超声波扫描仪法或电磁波雷达法等检测方法。检验时，竖向叠合构件现浇混凝土龄期不宜少于 14d。当超声法检验存在声学参数异常点时，可采用局部破损法进行检验。

（b）其他后浇区混凝土应按以下方法抽查和检验。

检查数量：全数检查。

检验方法：观察，检查技术处理方案。

4.6.2 一般项目

装配式结构后浇混凝土的外观质量不宜有一般缺陷，见表4-1。对已经出现的一般缺陷，应由施工单位按技术处理方案进行处理，并重新检查验收。

检查数量：全数检查。

检验方法：观察。

4.7 外墙接缝防水质量验收

（1）装配式结构预制构件接缝密封材料应符合设计要求，并具有合格证、厂家检测报告及进场复试报告。

检查数量：全数检查。

检验方法：检查出厂合格证及相关质量证明文件。

（2）外墙板接缝的防水性能应符合设计要求。

检验数量：按批检验。每1000m^{2}外墙（含窗）面积应划分为一个检验批，不足1000m^{2}时也应划分为一个检验批；每个检验批、每100m^{2}应至少抽查一处，抽查部位应包括相邻两层4块墙板形成的水平和竖向十字接缝区域，面积不得少于10m^2。

检验方法：检查现场淋水试验报告。

（3）装配式结构预制构件的防水节点构造做法应符合设计要求。

检查数量：全数检查。

检验方法：观察检查。

4.8 质量验收文件与记录

装配式结构工程质量验收时应提交下列文件与记录：

（1）工程设计单位已确认的预制构件深化设计图、设计变更文件；

（2）装配式结构工程所用主要材料及预制构件的各种相关质量证明文件、进场验收记录、抽样复验报告；

（3）预制构件安装施工验收记录；

（4）钢筋搭接连接的施工检验记录；

（5）钢筋连接接头的检验报告；

（6）连接构造节点的隐蔽工程检查验收文件；

（7）后浇筑叠合构件和节点的混凝土强度检测报告；

（8）密封材料及接缝防水检测报告；

（9）装配式结构分项工程验收记录；

（10）工程的重大质量问题的处理方案和验收记录；

（11）其他必要的文件与记录。

装配式结构工程质量验收合格后，应将所有的验收文件归入混凝土结构子分部工程存档备案。

第5章　施工项目信息化管理

5.1　BIM技术应用

5.1.1　施工场地统筹排布

5.1.1.1　场地模型的搭建

为更真实地反映场地的实际效果，同时考虑纵肋叠合剪力墙等大型预制构件的存放，便于管理人员进行场地的统筹排布，在收到设计总平面图后，技术人员依照总平面图利用BIM技术搭建场地三维模型，还原场地实际布置情况。

5.1.1.2　场地模型的应用

如图5-1所示，场地的三维模型搭建完成后，进行比对审核，确定场地模型的正确性，然后按照管理人员的策划在场地模型中进行模拟统筹排布，建立不同施工阶段的三维场地布置模型，布置内容如下：

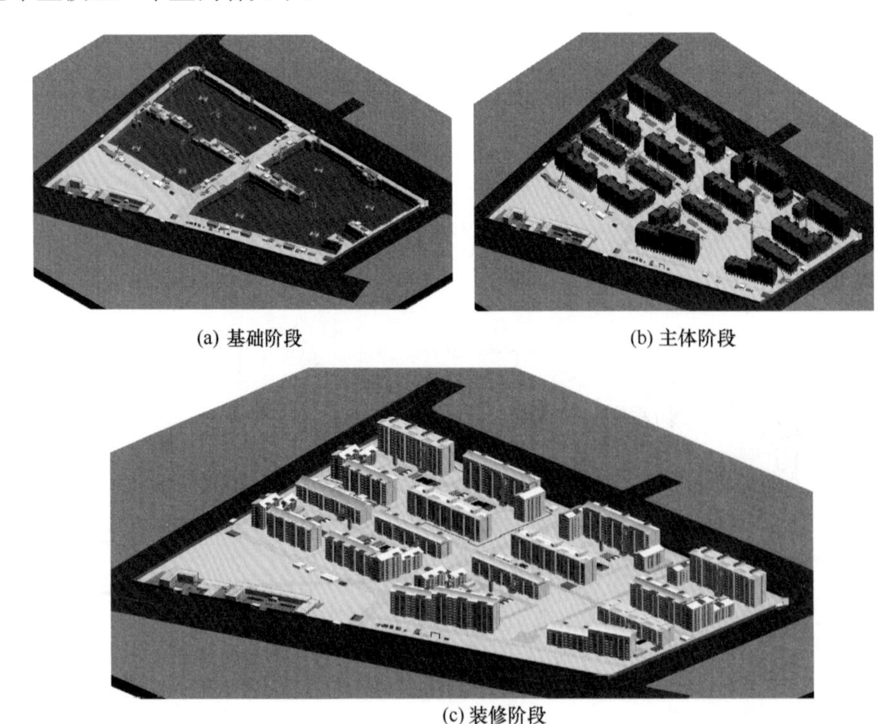

(a) 基础阶段　(b) 主体阶段

(c) 装修阶段

图5-1　各施工阶段施工现场总平面三维图

（1）临建的选址、建筑物的朝向及数量、停车位的规划等；

（2）基础阶段基坑范围、深度、支护形式、出土路线、运输设备的位置、场地道路布置、材料码放的位置、加工棚的位置；

（3）主体阶段运输设备的安装位置、场地道路布置、纵肋叠合剪力墙等预制构件的存放、加工棚的位置；

（4）装修阶段运输设备的安装位置、场地道路布置、材料码放的位置、加工棚的位置；

以上内容通过三维模型进行统筹规划排布，提前模拟其布置位置是否符合场布规定及要求。

三维模型的可视化效果在结合后期可预见的事件后，使其排布后的效果不仅具有较好的前瞻性，而且较 CAD 二维图纸排布更具有参考价值。

5.1.2　预制构件施工模拟

纵肋结构体系墙作为一种新型装配式体系，工人在安装过程中需要逐步掌握。利用 BIM 技术进行预制构件施工安装模拟，向安装工人进行三维技术交底，可有效提高安装工人的技术水平和安装效率。

如图 5-2 所示，BIM 技术交底要点为：

（1）模型的细度要精细到所有的安装要点，包含吊点的位置、样式；空腔位置与底部插筋的相互关系；预制墙体与底部调节螺栓的相互关系等，详见第 3 章。

（2）所制作三维视频动画，应包含关键安装要点，安装动作连贯清晰。

(a) 构件进场

(b) 构件存放

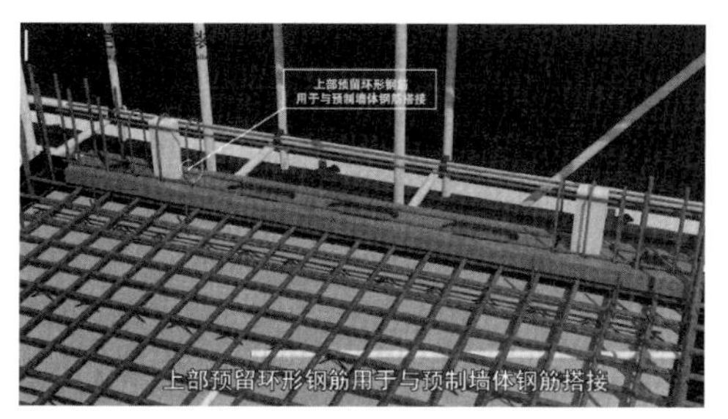

(c) 转换层施工

(d) 水平封浆及安装PE条

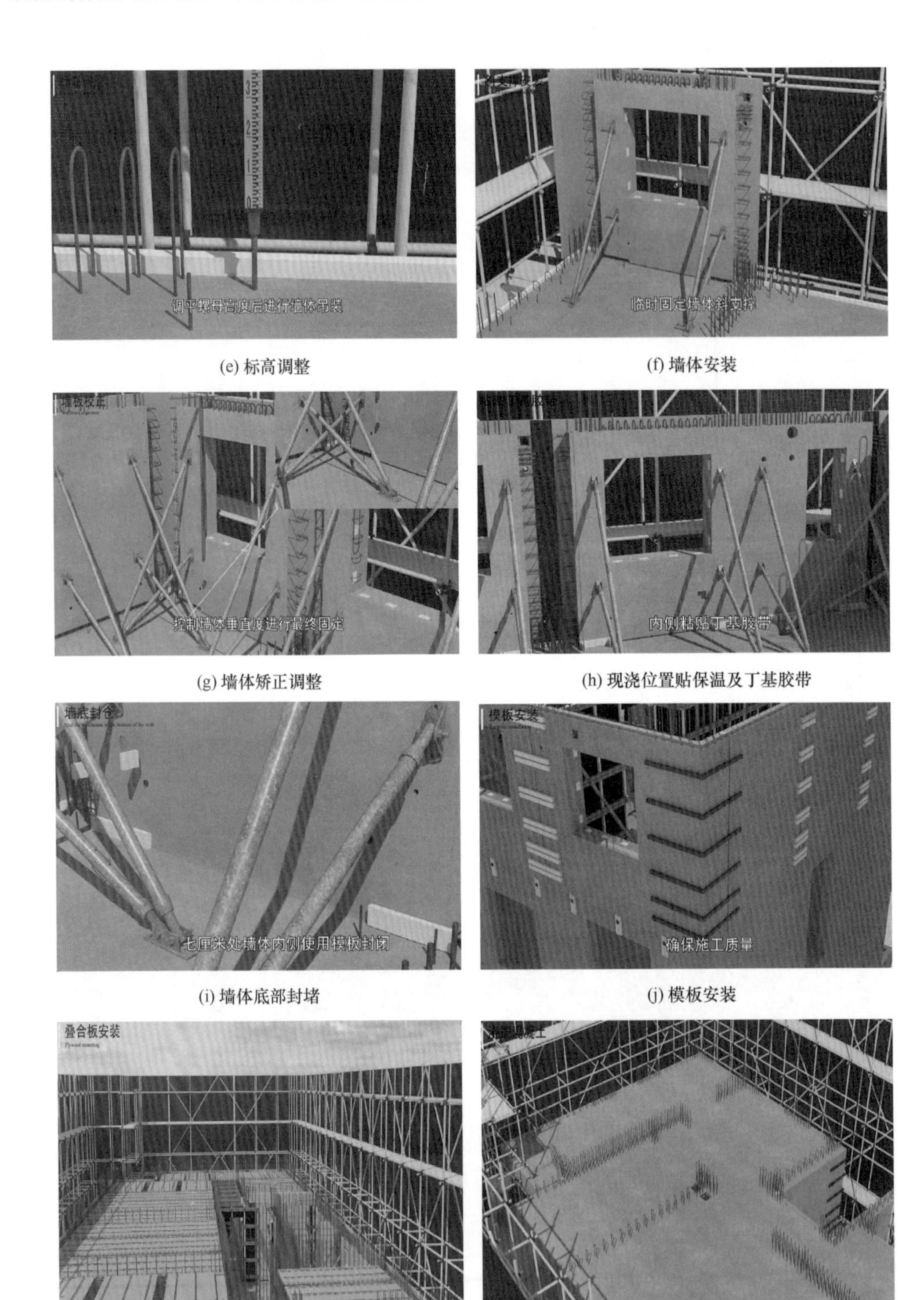

(e) 标高调整　　(f) 墙体安装

(g) 墙体矫正调整　　(h) 现浇位置贴保温及丁基胶带

(i) 墙体底部封堵　　(j) 模板安装

(k) 水平构件安装　　(l) 混凝土浇筑

图 5-2　预制构件施工模拟流程

（3）交底时结合工人反馈的意见进行修正，发挥其可视化的最大价值。

BIM技术辅助预制墙体安装作业交底的实施，不仅实现了预制墙体的预拼装效果，同时辅助安装工人快速熟悉安装技巧，发挥出BIM技术模拟施工的价值。

5.2 信息化管理平台及应用

5.2.1 信息化管理平台特点

EPC工程总承包业务是近年来建筑业管理创新发展的重要方向，建设EPC项目信息化管理系统是立足于EPC工程总承包业务的信息化管理需求，利用信息化系统支持EPC工程总承包的管理全流程，实现项目资源在EPC工程总承包全过程的优化和有效配置，满足EPC项目各阶段数据和信息的交互共享，实现EPC项目管理的流程化、标准化、精细化、一体化；同时结合BIM技术的应用推动EPC项目前期的交互和融合，减少后期设计变更，提升效率和质量，降低成本。

为彰显EPC工程总承包项目实施特点，同时突出纵肋叠合剪力墙的技术优势，结合项目特点、工程经验以及管理特性，开发建设了智慧工地管理平台，通过以设计管理为源头，成本控制为主线，计划管理为纽带，细化分成15个主功能模块，包括：决策分析、智慧工地、计划管理、进度管理、手续管理、设计管理、成本管理、技术管理、质量管理、安全管理、BIM管理、物料管理、构件管理、会议管理、精装管理，实现了全要素关联，打破了信息孤岛现象，形成了链条式管理，并落实到了实际业务中。

同时，该平台结合BIM技术，旨在以BIM模型为核心，构建“一核多岗（商务、物料、资料、进度、质量、安全）”的项目管理模式。通过平台的自行识别、自行分析、自动解决、自动决策加快项目管理精细化的进程，提高建筑企业的管理水平和效率。

5.2.1.1 平台技术架构

项目EPC信息化平台包含全方面信息化应用模块，为多方集成平台，具有完整的架构思路，满足于EPC工程现场信息化应用。为有效运行信息化管理平台，实现平台功能，平台选用的技术架构如图5-3所示。

5.2.1.2 平台技术特点

该平台技术特点如下：

（1）软硬件集成

通过平台进行软硬件数据集成，并进行相关数据的联动，规避数据孤岛，最大化地发挥数据相应价值。

（2）BIM数模集成化协同管理

目前市场上BIM+信息化基本都是在信息化系统里有BIM模块，一般用来三维展示，模型和各业务模块的数据缺少联动，部分联动功能的数据也需要手动关联，工作量较大，落地性较差。如图5-4所示，EPC管理平台是通过模型数据和各业务数据的自动关联，实现数模联动，提高信息化管理的集成化应用。

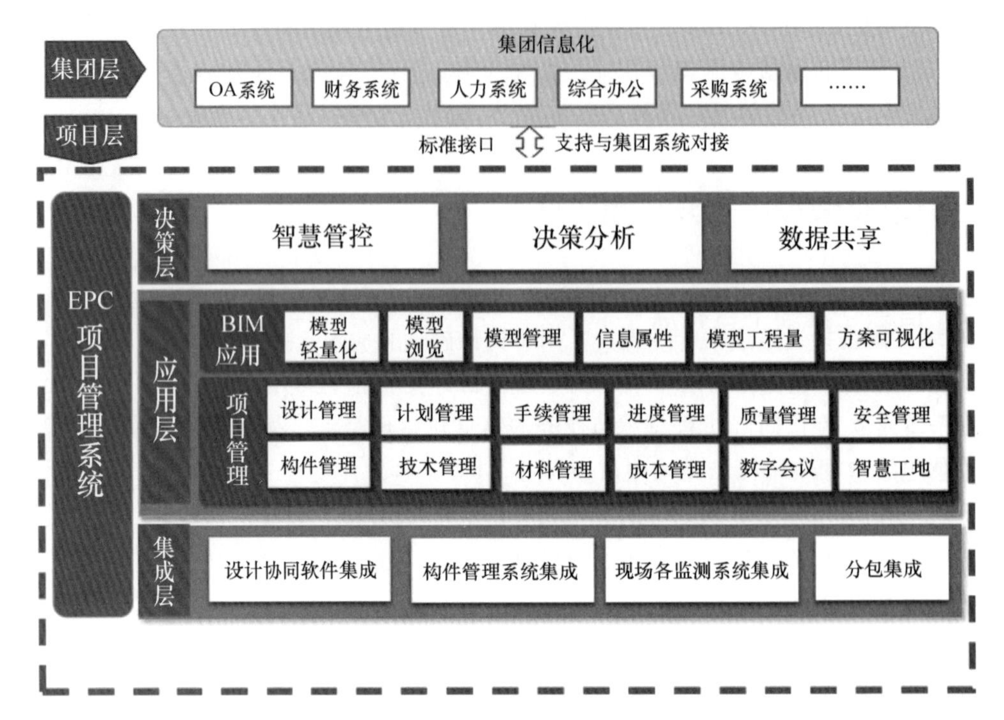

图 5-3　平台技术架构

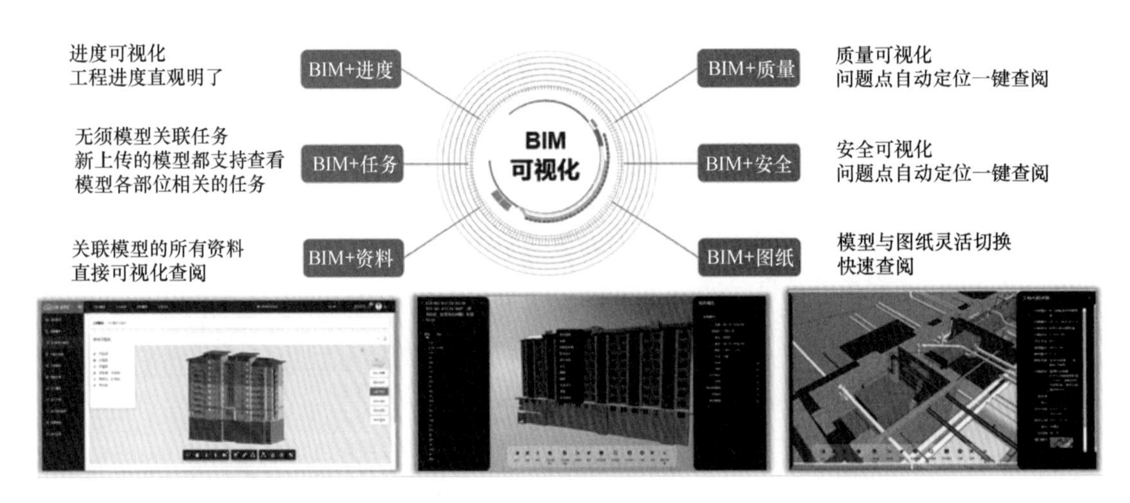

图 5-4　BIM 协同管理

（3）业务模块数据集成互通

在项目管理过程中，各部门之间的工作是相互影响的，为更好地利用信息化手段，帮助企业提高项目精细化管理水平，打破市场信息化系统各模块独立运行的弊端，我们结合各部门工作协同内容，打通了各模块相关联的数据，最大化利用信息数据流转，提高各部门之间的协同效率。

（a）物料和成本之间的数据集成互通，成本模块里的合同相关信息自动同步至物料模块，从源头把控项目物料。同时将物料模块里的不合格品及退场处理的物料信息同步发送给成本管理人员，为结算管理提供数据。

（b）安全和成本之间的数据集成互通，通过从成本模块中同步抓取分包单位的数据到安全管理模块，用于安全模块中的安全协议管理、安全交底、安全教育。

（c）技术和安全之间的数据集成互通，技术模块审核交底过的危大方案数据自动同步至安全管理模块中，用于危大工程的安全管理。

（d）技术和设计之间的数据集成互通，设计模块中审核通过的图纸会在系统中自动同步到技术管理模块，统一图纸发放口径，同时过程中产生的设计变更也会自动同步至设计模块并同步抄送给成本管理人员，用于设计确认和成本管理。

（4）公司项目上下级数据联通，API 接口对外开放

利用信息化系统集成，打通集团项目上下层的数据联动，根据不同层面需求推送数据，集团进行多项目集约化管理的同时，各项目也可根据自身特点独立应用，实现一个平台，多方协同，打通流程上下游，创新工程项目管理的模式。集团领导可在系统上快速了解掌握多项目的执行情况，项目工作人员需要集团审批的，可直接在线发起审批需求，提高了沟通效率，减少了人员跑腿情况。同时根据多项目的使用累计，系统也可积攒沉淀形成集团的数据库。另外系统根据集团项目需求，开放数据接口，提供在线接口文档。

（5）数模自动联动

因以往信息化系统中 BIM 与业务数据管理均需进行手动关联，工作烦琐，现场应用落地难，导致此方面功能无法实际应用，欠缺实际价值。

经项目实施需求探讨，确定可行性方案，总结设定 BIM 及信息化系统对应标准，实现进度、质量、安全等业务数据与模型自动管理，提高工作效率，如图 5-5 所示。

图 5-5　数模自动联动

5.2.2　基于信息平台的“构件不落地”精准调度

现阶段，因预制构件由外部构件厂家生产后运输到施工现场，各实际项目会不同程

度面临预制构件生产质量不高、生产滞后、运输延误、本地仓储及项目现场堆放管理混乱、预制构件到达现场后验收不通等问题。

基于信息化平台的预制构件管理模块，从构件计划直到现场构件安装，保证构件不落地的精准调度施工，如图 5-6 所示。运行原理为：项目发起计划，构件厂根据计划进行生产排产，构件厂完成验收后，通过车辆分配明确构件的运输调度，构件车辆进入现场时完成现场验收进场，根据现场工作安排定位构件安装部位，由车辆调度完成精准停车及构件吊装工作。

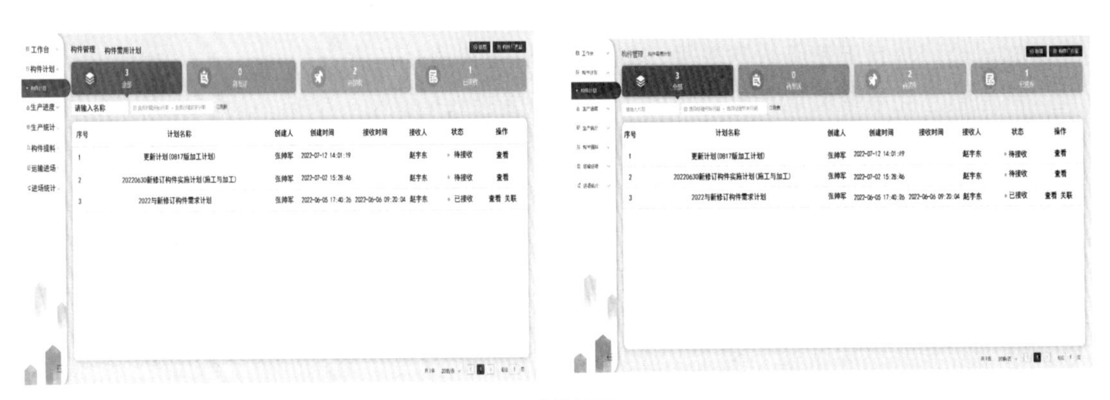

(a) 构件计划

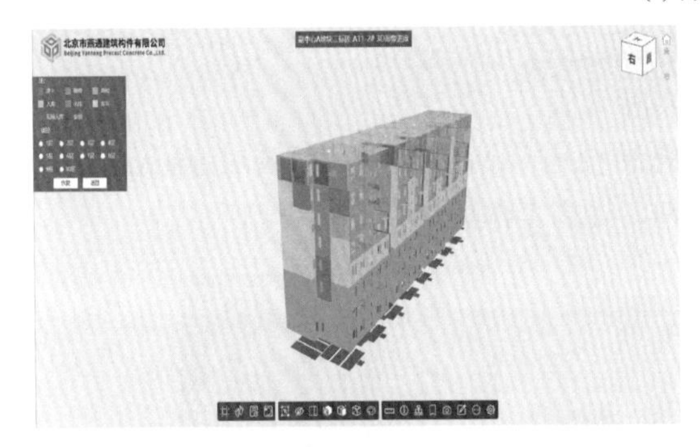

(b) 构件生产

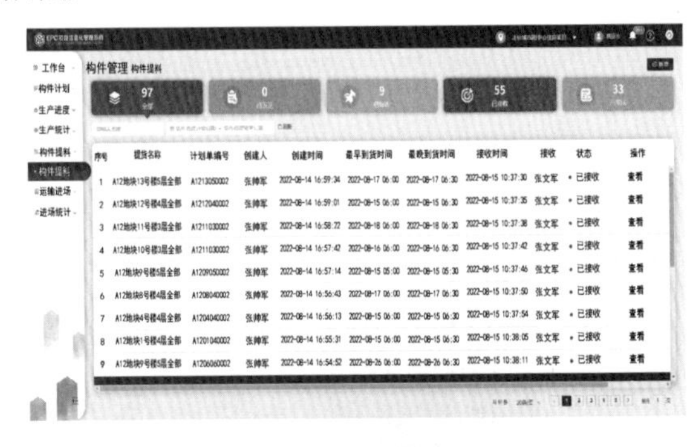

(c) 构件运输

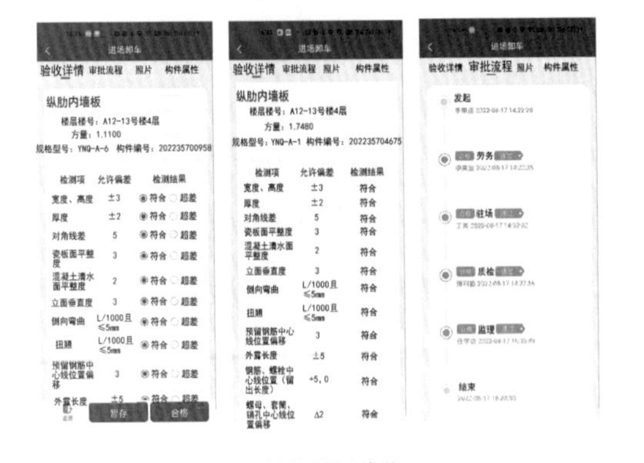

(d) 构件进场验收

(e) 构件安装验收

图 5-6　基于信息平台进行构件不落地精准调度过程

同时，该模块通过BIM＋信息化互联融合的方式，将“实体建筑＋虚体建筑”相结合，做到从构件生产到运输、进场验收、构件堆放、吊装入位构件全过程的管控，达到构件供货实时跟踪、构件生产情况动态掌握、构件进场后无差异实施的精细化管理，有效提升项目精细化管理水平。

（1）生产计划联动

通过信息化平台实现排产施工计划联动，同步项目构件使用计划给构件厂，合理制订构件生产计划；解决构件厂排产计划与施工现场施工吊装计划不一致问题，避免构件运输不及时，延误工期；打通构件信息化平台，使现场人员实时查看构件生产进度，做到进度可控，及时调整。

（2）生产数据可视化管理

以BIM数据为底层建设，借助BIM轻量化模型，让虚拟世界中的参数化构件与现实世界中的构件自动产生关联互动，通过数模联动三维立体展示现场进度、质量控制等数据信息要素，实现动态把控。

（3）过程跟踪管理

在线发起提料计划，通过现场实际应用情况，分批次提料进场。通过提货名称，在线实时查看该批次构件发货的车牌号、发货时间、最早最晚到货时间、进场退场时间、构件数量方量及验收人等信息。同时通过集成GPS实时查看车辆定位，做到供货过程实时把控。

（4）品质提升管理

现场人员通过手机端简单扫一扫在线发起对每个构件各环节的质量验收，数据同步至管理平台，实时查看构件验收情况，系统通过数据自动统计不同类型构件到场数量、已安装数量、待安装数量、待修复及退场情况。通过大数据分析，将易发生问题的构件种类同步到构件厂，从源头降低质量问题发生的概率。同时，每个构件都与BIM模型相关联，集成构件厂系统，集成每个构件的数据信息延续至每栋楼整体安装完成。过程实时呈现现场构件进场的状态、验收整改及安装情况，做到验收数据“互联互通”，达到构件全流程信息追溯，控制项目施工质量，降低返工率与构件生产错误率。

最终通过信息化的辅助，构件厂与施工现场将有效信息进行同步，根据施工现场的施工进度，构件厂通过与施工现场进行信息沟通共享并将现场所需构件快速安排发货，待预制构件进场后，项目管理人员快速安排运输车辆将预制构件运至施工区域，安排塔吊吊装，实现精准快速安装，预制构件不堆场，运输车辆不等待，从而实现“构件不落地”。

5.2.3　基于信息平台的项目综合管控

传统的EPC项目管理模式缺少信息集成管理体系和有效的沟通办法，各方工作流程和界面模糊，信息沟通效率低，难以共享。针对相关问题，基于EPC管理模式、装配式建筑、BIM建筑信息化智慧工地三者之间的关系研究，通过信息化平台的实际项目应用，可探索新的管理模式和新型建造方式。

5.2.3.1 决策分析

该平台设立了不同业务模块的决策分析看板，如图 5-7 所示，通过对成本、进度、技术、质量、安全、物料等各业务模块关键管理数据进行不同维度的数据统计分析，辅助集团和项目进行不同层级的整体管控。

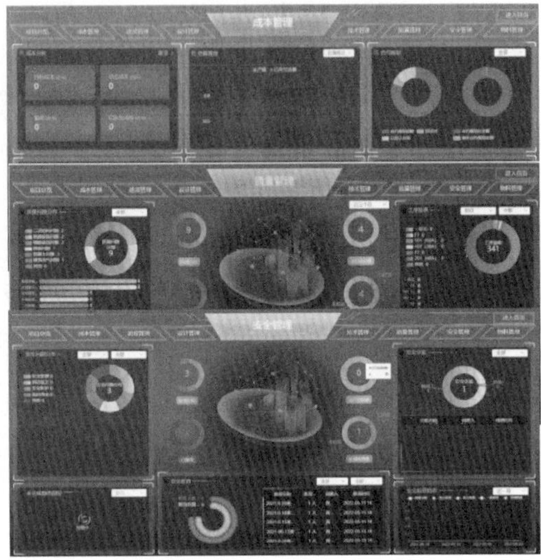

图 5-7 决策分析看板

5.2.3.2 智慧工地监控

如图 5-8 所示，通过平台进行软硬件数据集成，并可以进行相关数据的联动提醒，规避数据孤岛，最大化地发挥数据相应价值。

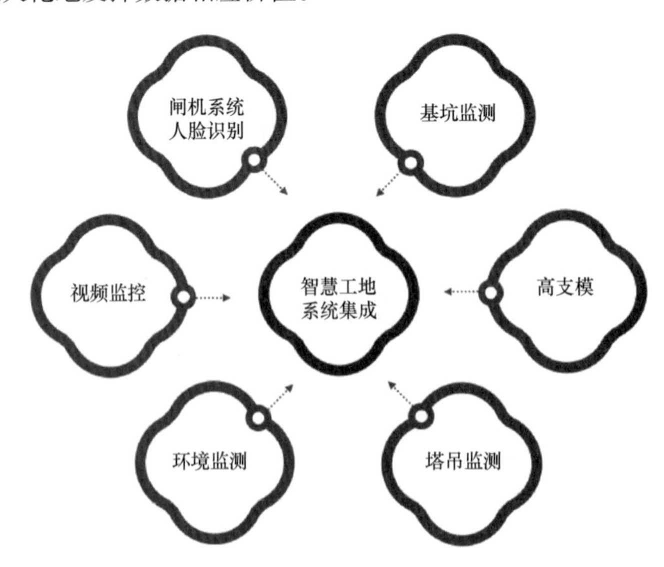

图 5-8 智慧工地子系统集成互通

5.2.3.3 进度计划管理

如图 5-9 所示，进度计划管理模块主要从管控层和执行层两个层面进行计划的统筹和工作的实施。系统内置集团计划模板，编制主项计划，进行专项计划分解，项目对分解的计划进行执行反馈，对有偏差的节点进行预警提醒，同时形成可视化的进度图，来把控现场。

将项目总计划与所有专项计划联动，以生产组织计划为主线，使设计计划、采购计划、生产计划、资金计划达到对整体施工计划的匹配，形成无缝连接，并对出现的问题及时进行智能预警，实现计划全要素一体化协同，保障项目进度指标的有效达成。

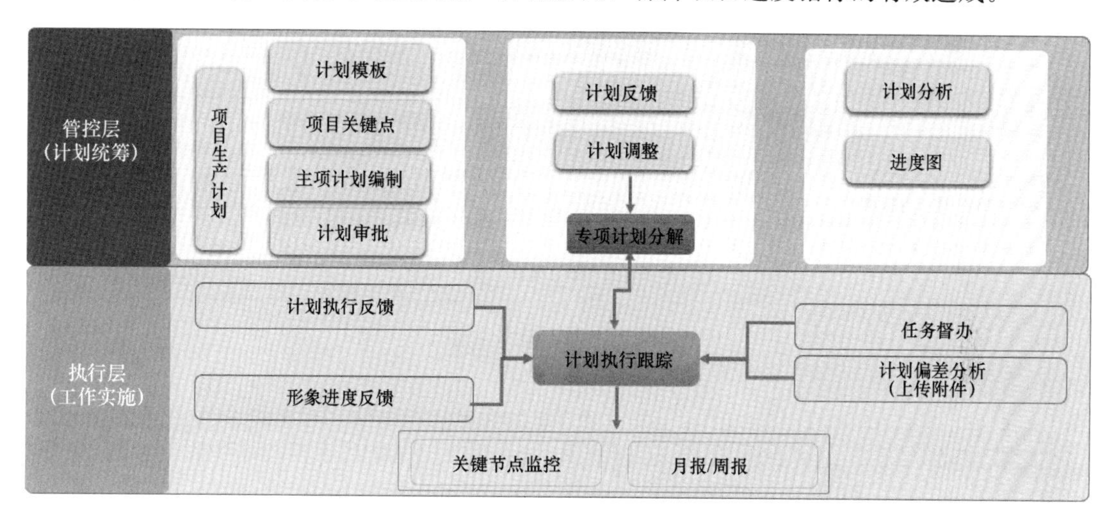

图5-9 进度计划管理流程

进度计划管理实施特点：（1）科技创新：通过自主研发系统实现与构件加工的智能联动，显著提升构件加工与现场施工进度的有效协同效率；（2）在进度计划审批流程方面，项目系统与集团OA系统对接，提高工作效率。

5.2.3.4 成本管理

如图5-10所示，成本管理主要从定目标成本基线到过程管控、数据分析，及最后形成的数据库四个方面进行成本的管控，其中目标成本基线是通过二次预算数据包含收入和支出来制定目标成本，基于目标成本制定合约规划，基于合约规划明确招标控制价，进行招标采购，订立合同。在合同执行过程中，对过程结算、最终结算、执行过程中产生的变更，月度产值、月资金计划等进行过程管控，系统根据过程数据形成实时的成本数据分析，对超成本预警线的进行预警提醒，重新调成目标成本。最后形成成本数据库，积攒形成集团的数据库，为项目提供数据参照。

5.2.3.5 装配式精装系统信息化管理

针对装配式精装从施工准备、材料管理、施工过程管理直至竣工验收进行全过程管理，全过程留痕，实时掌控施工进度、材料消耗、把控质量。同时，基于BIM三维可视化模型，关联设计、技术、计划、进度、质量模块，实现精装一体化协同，如图5-11所示。

（1）精装进度可视化管控

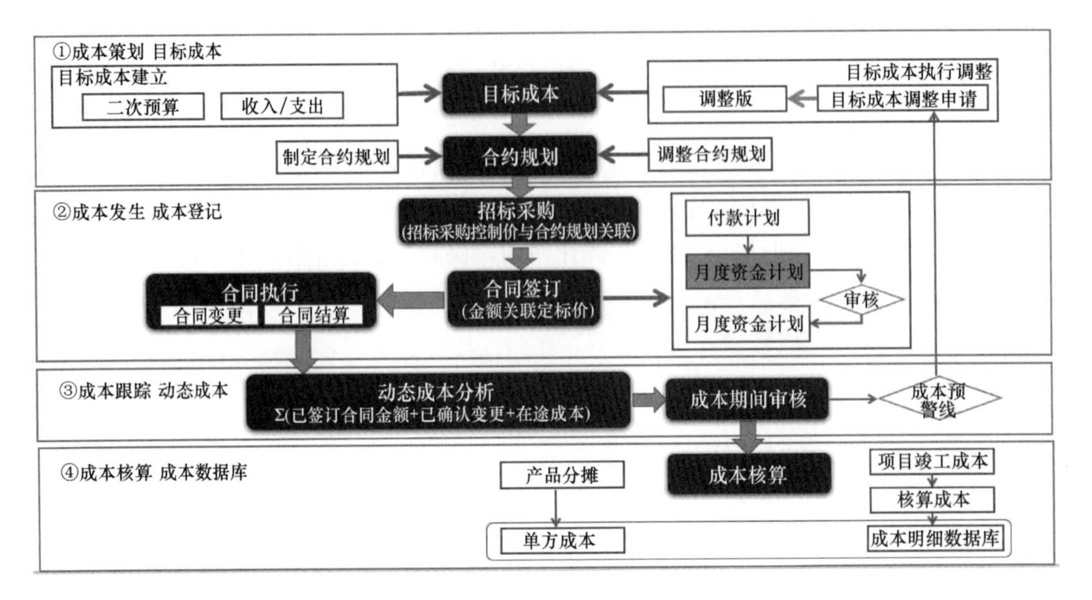

图 5-10　成本管理流程

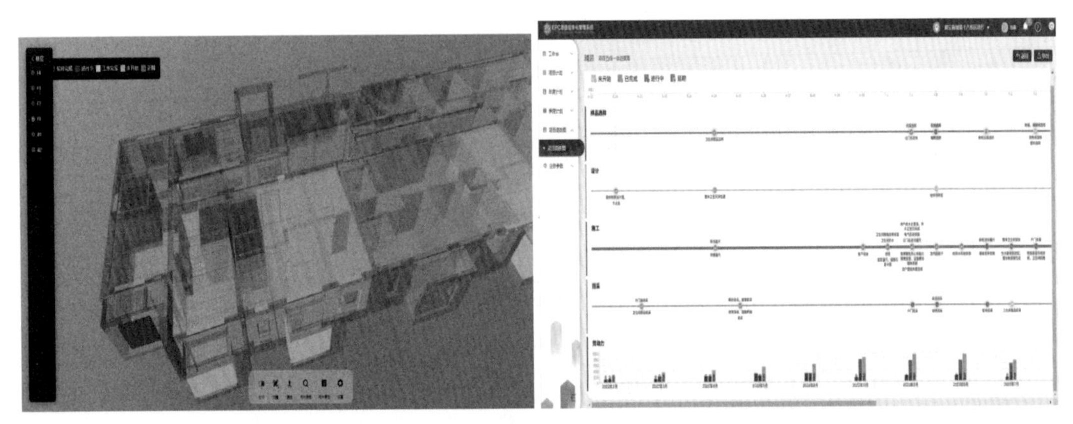

(a) BIM可视化管控

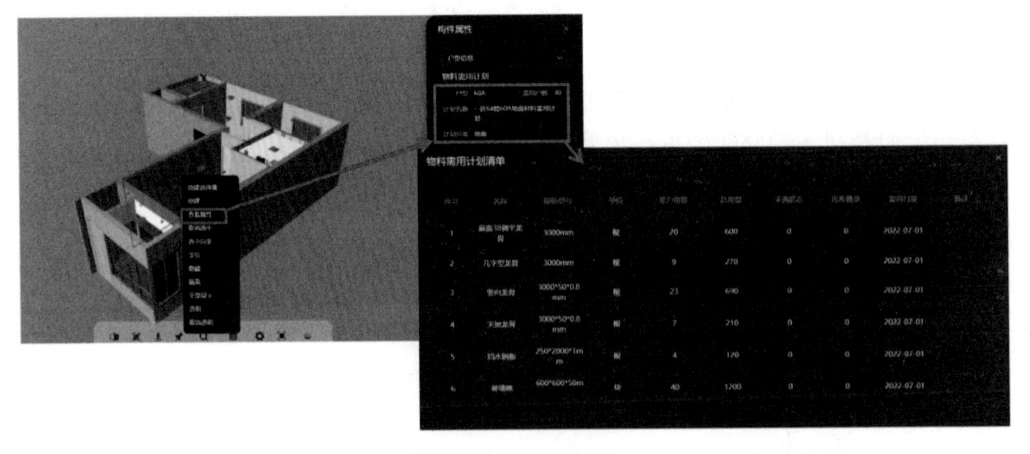

(b) BIM材料精细化管理

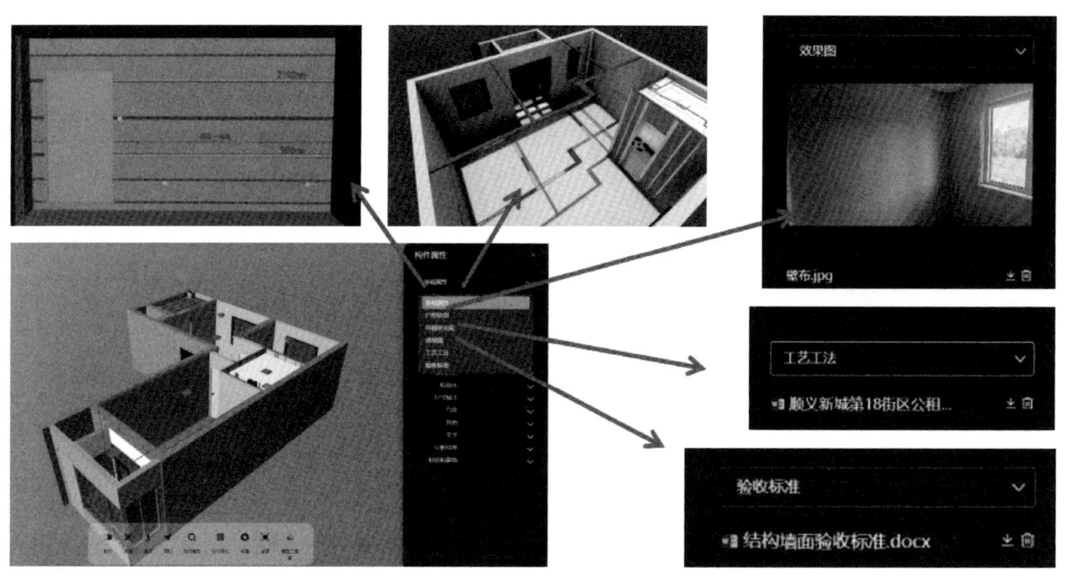

(c) BIM可视化交底

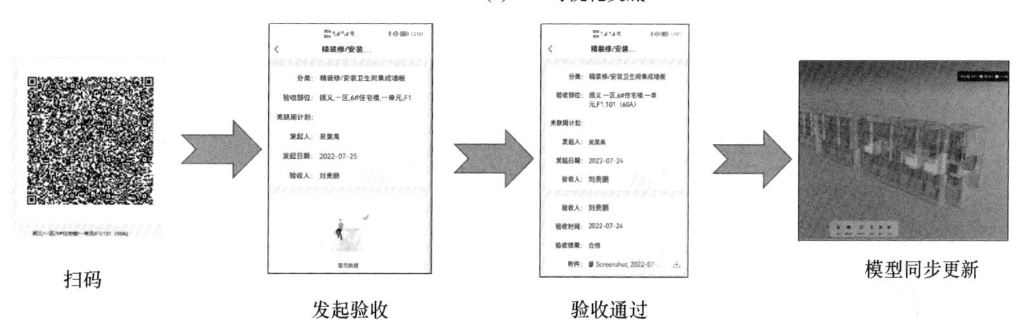

(d) 全流程质量管理

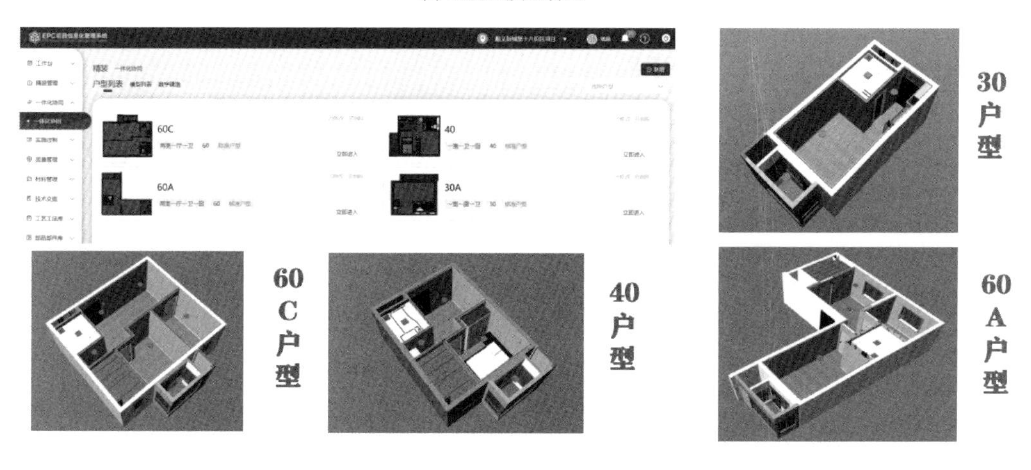

(e) BIM标准户型库

(f) 标准化工艺工法库

图 5-11 装配式精装信息化管控

利用线上平台优势，关联进度计划模块，设立周进度计划编制与反馈，在重要节点提前设立提醒时间，及时反馈问题；将现场施工进度关联模型，打造自有现场进度管理竞争力，足不出户了解施工现场各进度情况；放大 EPC 管理的优势，将设计、部品选样、施工、招采、劳动力五大影响因素联动，提前排好各计划上传平台，形成五化一体高铁图，利用模型的验收完成进度反馈计划，项目管理人员随时随地清楚项目进度的同时，领导层也可从五化一体图直观查看施工进度，从 EPC 管理角度去抓，高效、便捷实现了相关单位在会议室即可了解项目在施情况。

（2）精装材料精细化管理

关联物料管理模块，进行精装物料管控，做到精细化管理，将主材分专业、按户型打包发放领取，减少日后因材料有误而造成的大面积返工。设立补领及多次出现补领情况时的区别管理模式，从领料起管控。

（3）在线进行可视化技术交底

与 BIM 模型互联互通，各主要施工节点设置节点工艺动画，通过模型链接各主要施工节点的施工工艺，通过三维可视化辅助展示现场交底，提升班组人员对施工位置的特殊要求的认识，快速掌握特殊要求，可有效避免人员素质参差不齐、交底不细致等因素影响现场施工进度及质量。

（4）精装全流程质量管理

利用平台生成每户信息二维码，在现场通过 App 扫码，在 App 中填写该户型的信息，将巡视过程所发现的质量问题填写到 App 中，完成对此户的质量巡检、质量验收等工作，同时通过验收状态关联计划，验收完成后直接反馈给模型，模型同步更新数据，关联形象进度实时反馈完成情况。

（5）打造标准户型库

利用产业化集团全产业链优势，通过设计源头打造构件标准化、户型标准化，建立标准化户型库，不仅便于设计人员使用，同时可为后续类似项目积累设计经验及设计资源，达到拿来即用，用之即优的效果，辅助集团可以更快地投入新三房市场。

（6）打造标准化工艺工法库

利用信息化查询的便捷性，结合项目施工需求在信息化平台建立常用工艺以及特殊工艺的工艺工法库，不仅方便项目管理人员实时应用，同时可以为后续开展的其他项目积累经验及提供参考资料，做到拿来即用，用之即优，各类管理人员通过查看工艺工法库即可了解各个施工工艺，掌握施工要点，指导施工，新进员工可以通过使用信息化平台缩短新手的适应期，高效掌握工作技能，达到快速进入工作状态的目的。

参考文献

[1] 韩超，郑毅敏，赵勇．钢筋套筒灌浆连接技术研究与应用进展[J]．施工技术，2013，42(21)：113-116.

[2] 夏春蕾，杨思忠，李世元．装配式建筑套筒灌浆料研究进展[J]．市政技术，2018，36(03)：198-201.

[3] 杨思忠，李相凯，王志礼，等．装配式建筑冬期施工钢筋套筒连接灌浆料研究与应用[J]．施工技术，2019，48(03)：28-31.

[4] 钱稼茹，彭媛媛，张景明，等．竖向钢筋套筒浆锚连接的预制剪力墙抗震性能试验[J]．建筑结构，2011，41(2)：1-6.

[5] 张微敬，钱稼茹，于检生，等．竖向分布钢筋单排间接搭接的带现浇暗柱预制剪力墙抗震性能试验[J]．土木工程学报，2012，45(10)：89-97.

[6] 姜洪斌，张海顺，刘文清，等．预制混凝土结构插入式预留孔灌浆钢筋锚固性能[J]．哈尔滨工业大学学报，2011，43(4)：28-32.

[7] 陈云钢，刘家彬，郭正兴，等．装配式剪力墙水平拼缝钢筋浆锚搭接抗震性能试验[J]．哈尔滨工业大学学报，2013，45(6)：83-89.

[8] 张微敬，孟涛，钱稼茹，等．单片预制圆孔板剪力墙抗震性能试验[J]．建筑结构，2010，40(6)：76-80.

[9] 钱稼茹，张微敬，赵丰东，等．双片预制圆孔板剪力墙抗震性能试验[J]．建筑结构，2010，40(6)：71-75.

[10] 叶献国，张丽军，王德才，等．预制叠合板式混凝土剪力墙水平承载力试验研究[J]．合肥工业大学学报(自然科学版)，2009，32(8)：1215-1218.

[11] 连星，叶献国，王德才，等．叠合板式剪力墙的抗震性能试验分析[J]．合肥工业大学学报(自然科学版)，2009，32(8)：1219-1223.

[12] 蒋庆，叶献国，种迅．叠合板式剪力墙的力学计算模型[J]．土木工程学报，2012，45(1)：8-12.

[13] MENEGOTTO M. Structural connection for precast concrete. Technical council of fib[J]. Fib Bulletin，2008，43(2)：34-37.

[14] WILSON J F，CALLIS E G . The dynamics of loosely jointed structures[J]. International Journal of Non-Linear Mechanics，2004，39(3)：503-514.

[15] 朱晓章．全螺栓连接装配式混凝土剪力墙结构节点及承载力研究[D]．武汉：武汉理工大学，2017.

[16] 方小文．螺栓连接多层装配式混凝土剪力墙结构抗震性能研究[D]．合肥：合肥工业大学，2019.

[17] 刘洋，李志武，杨思忠，等．装配式建筑叠合楼板研究进展[J]．混凝土与水泥制品，2019(01)：61-68.

[18] 刘洋，杨思忠．混凝土叠合构件短期刚度计算方法研究[J]．混凝土与水泥制品，2019(04)：59-64.

[19] 杨思忠．京津冀装配式建筑行业现状与发展建议[J]．混凝土世界，2021(02)：22-28.

[20] 杨思忠，刘洋，田春雨，等．装配式纵肋叠合剪力墙结构体系研发及工程应用[J]．建筑科学，2021，37(07)：113-120.

[21] 吕安安，赵志刚，董铁良，等．超低能耗夹心墙板金属限位拉结件受力性能分析[J]．沈阳建筑大学学报(自然科学版)，2021，37(01)：61-68.

[22] 吕安安，张绍武，赵志刚，等．超低能耗保温夹心墙板金属夹形拉结件受力性能分析[J]．混凝土与水泥制品，2020(05)：61-65，91.

[23] 张绍武，吕安安，赵志刚，等．装配式夹心保温板拉结件性能指标评价体系研究[J]．沈阳建筑大学学报(自然科学版)，2020，36(02)：255-262.

[24] 赵志刚，杨思忠，任成传，等．结构保温装饰一体化预制混凝土墙板质量控制技术和应用[J]．混凝土与水泥制品，2020(02)：60-64.

[25] 王志军，张士兴，任成传，等．预制外墙板装饰技术研究与应用[J]．建筑技术，2019，50(08)：926-928.

[26] 田春雨，王俊，杨思忠，等．纵肋叠合剪力墙边缘构件钢筋搭接连接性能试验研究[J]．建筑结构学报，2023，44(02)：251-261.

[27] 王俊，田春雨，朱风起，等．竖向钢筋搭接的装配整体式剪力墙抗震性能试验研究[J]．建筑科学，2018，34(05)：56-61+75.

[28] 王俊，田春雨，朱风起，等．纵肋叠合剪力墙竖向分布钢筋搭接性能试验研究[J]．建筑科学，2022，38(09)：129-135，182.

[29] 王俊，田春雨，杨思忠，等．纵肋叠合装配整体式混凝土剪力墙抗震性能试验研究[J]．建筑结构，2021，51(05)：1-7.

[30] 赵志刚，杨思忠，任成传，等．预制混凝土内墙板立模生产工艺研究与应用[J]．混凝土与水泥制品，2020(12)：59-62.

[31] 李鸿武，赵志刚，杨思忠，等．装配式夹心保温外墙板立模生产技术研究[J]．混凝土世界，2022(01)：76-79.

[32] 杨谦，艾旭，张沂，等．基于 Revit 的预制剪力墙配筋设计软件研究[J]．土木建筑工程信息技术，2021，13(06)：14-19.

[33] 陈峰，任成传，卢造，等．ERP、MES 系统在装配式建筑构件智能制造中的应用[J]．混凝土世界，2018(01)：38-41.

[34] 装配式剪力墙结构设计规程：DB11/ 1003—2022[S]．北京：中国建筑工业出版社，2022.

[35] 装配式纵肋叠合混凝土剪力墙结构技术标准：DB13(J)/T 8418—2021[S]．北京：中国建材工业出版社，2021.

[36] 纵肋叠合混凝土剪力墙结构技术规程：T/CECS 793—2020[S]．北京：中国建筑工业出版社，2020.

[37] 任成传，刘洋，王志礼，等．纵肋叠合剪力墙在丁各庄公租房项目中的应用[J]．建设科技，2021(02)：60-64.

[38] 王炜．建筑师负责制与 EPC 工程总承包相结合的实践与思考[J]．中国勘察设计，2021(09)：21-25.

[39] 混凝土结构工程施工质量验收规范：GB 50204—2015[S]．北京：中国建筑工业出版社，2015.

[40] 装配式混凝土结构技术规程：JGJ 1—2014[S]．北京：中国建筑工业出版社，2014.

[41] 混凝土结构设计规范：GB 50010—2010[S]. 北京：中国建筑工业出版社，2010.
[42] 钢结构设计标准：GB 50017—2017[S]. 北京：中国建筑工业出版社，2017.
[43] 混凝土结构工程施工规范：GB 50666—2011[S]. 北京：中国建筑工业出版社，2019.
[44] 钢筋机械连接技术规程：JGJ 107—2016[S]. 北京：中国建筑工业出版社，2016.
[45] 建筑施工模板安全技术规范：JGJ 162—2008[S]. 北京：中国建筑工业出版社，2019.
[46] 建筑工程施工质量验收统一标准：GB 50300—2013[S]. 北京：中国建筑工业出版社，2020.
[47] 装配式混凝土建筑技术标准：GB/T 51231—2016[S]. 北京：中国建筑工业出版社，2016.
[48] 建筑工程饰面砖粘结强度检验标准：JGJ/T 110—2017[S]. 北京：中国建筑工业出版社，2017.
[49] 外墙饰面砖工程施工及验收规程：JGJ 126—2015[S]. 北京：中国建筑工业出版社，2015.